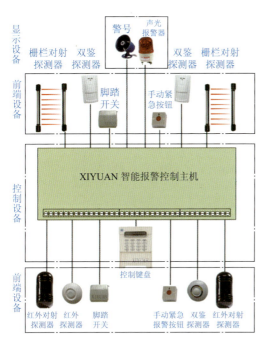

入侵报警系统拓扑图

西元智能报警系统实训装置

常见探测器

西元报警控制主机

住宅安全防范报警系统

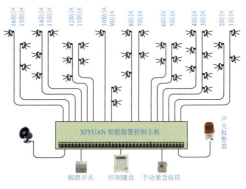

西元科技园报警系统图

西元安防报警类器材展柜

红外对射探测器的工作原理示意图

微波移动探测器及其原理图

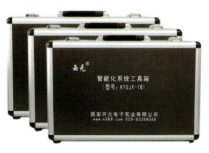 

西元智能化系统工具箱

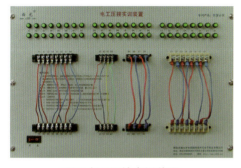 

西元电工压接实训装置　　　　　　压接冷压端子

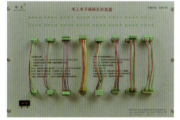 

电工电子端接实训装置　　　　　螺丝式端接（左）和免螺丝式端接（右）

中国公共实训中心（天津）智能楼宇工程实训中心设备照片

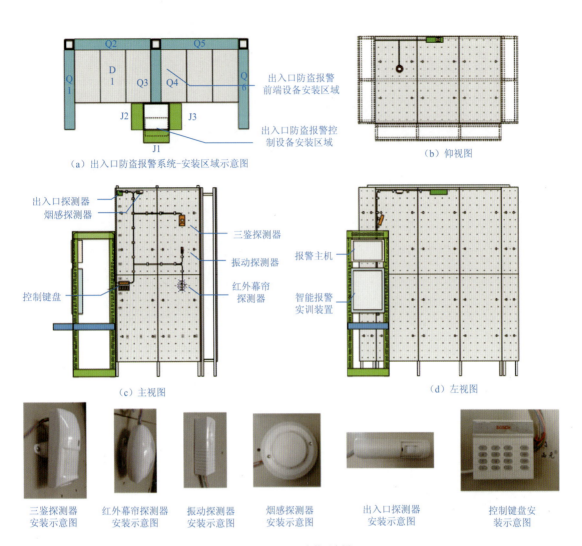

入侵报警系统安装示意图

现场安装竣工后照片

中等职业教育／技工技师教育网络安防系统安装与维护专业丛书

入侵报警系统工程安装维护与实训

王公儒◎主　编
蒋　晨　冯义平◎副主编

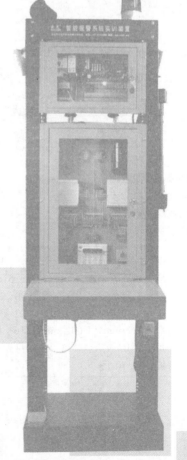

中国铁道出版社有限公司
CHINA RAILWAY PUBLISHING HOUSE CO., LTD.

内 容 简 介

本书专门为中等职业教育网络安防系统安装与维护专业（710208）的教学实训编写，以培养入侵报警系统工程项目安装和运维专业人员的岗位技能为目的，依据最新国家标准相关规定和工作流程与工程经验的具体要求编写而成。全书按照典型工作任务和编者多年从事工程项目的实际经验精心安排内容，突出典型工程案例和岗位技能训练，配套有丰富的课堂互动练习、习题、实训项目、实训指导视频等，全书循序渐进，层次清晰，图文并茂，好学易记。

本书适合作为中等职业教育和技工技师教育网络安防系统安装与维护专业的教学实训教材，也可作为入侵报警行业工程设计、施工安装与运维等专业技术人员的参考书。

图书在版编目（CIP）数据

入侵报警系统工程安装维护与实训/王公儒主编. —北京：中国铁道出版社有限公司，2022.4
（中等职业教育/技工技师教育网络安防系统安装与维护专业丛书）
ISBN 978-7-113-28652-1

Ⅰ.①入… Ⅱ.①王… Ⅲ.①房屋建筑设备-安全设备-自动化系统-技术培训-教材 Ⅳ.①TU899

中国版本图书馆CIP数据核字（2021）第268512号

书　　名：入侵报警系统工程安装维护与实训
作　　者：王公儒

策　　划：翟玉峰　　　　　　　　　　　编辑部电话：（010）83517321
责任编辑：翟玉峰　包　宁
封面设计：刘　莎
责任校对：焦桂荣
责任印制：樊启鹏

出版发行：中国铁道出版社有限公司（100054，北京市西城区右安门西街8号）
网　　址：http://www.tdpress.com/51eds/
印　　刷：三河市航远印刷有限公司
版　　次：2022年4月第1版　2022年4月第1次印刷
开　　本：787 mm×1 092 mm　1/16　印张：12.25　插页：2　字数：320千
书　　号：ISBN 978-7-113-28652-1
定　　价：39.80元

版权所有　侵权必究

凡购买铁道版图书，如有印制质量问题，请与本社教材图书营销部联系调换。电话：（010）63550836
打击盗版举报电话：（010）63549461

前 言

近年来，入侵报警系统已经广泛应用到民用建筑、银行、学校、企事业单位、医院等各类建筑安全防范系统中，社会急需大量入侵报警系统工程安装与维护专业技术技能人员，从事工程安装、调试验收和运维管理等专业人员。教育部发布了《中等职业学校网络安防系统安装与维护专业教学标准（试行）》，明确了该专业主要课程内容标准和实训设备要求，推动了该专业技能人才的培养。

本书专门为中等职业教育和技工技师教育网络安防系统安装与维护专业的教学实训编写，融入和分享了编者多年研究成果和实际工程经验，以快速培养入侵报警行业专业人员为目标安排内容，首先以看得见、摸得着的智能报警系统实训装置和典型工程案例开篇，用实物展示柜和工具箱，图文并茂地介绍了常用器材和工具，通过典型任务驱动，以及最新智能建筑标准的相关规定，结合典型案例讲述，然后详细介绍了入侵报警系统的规划设计、施工安装、调试与验收等专业知识。全书每个单元都安排有典型案例，配套有丰富的课堂互动练习模块、习题、实训项目、实训指导视频等，全书循序渐进，层次清晰，图文并茂，好学易记。

全书按照从点到面、从标准与技术到技能与技巧叙述方式展开，每个单元开篇有学习目标，首先引入基本概念和相关知识，再给出具体的安装技术和技能方法，最后给出了多个工程典型案例。全书共分6个单元。单元1、单元2和单元3介绍了入侵报警系统的概念、器材、相关标准应用实践等内容，通过西元智能报警系统实训装置认识入侵报警系统，认识常用器材和工具，熟悉常用标准。单元4、单元5和单元6介绍了工程设计、施工安装和调试验收等工程实用技术和技能方法。各单元的主要内容如下：

单元1，认识入侵报警系统。结合西元智能报警系统实训装置和典型案例，快速认识入侵报警系统，掌握基本概念和相关知识。

单元2，入侵报警系统的常用器材和工具。以图文并茂的方式介绍了常用器材和工具。

单元3，入侵报警系统工程常用标准简介。解释了有关国家标准和行业标准的名词术语和应用规定。

单元4，入侵报警系统工程设计。重点介绍了入侵报警系统工程的设计原则、设计任务和设计方法，并给出了典型工程案例。

单元5，入侵报警系统工程的安装。重点介绍了入侵报警系统工程安装的相关规定和工程技术,并给出了典型工程案例。

单元6,入侵报警系统工程调试与验收。重点介绍入侵报警系统工程调试与验收的关键内容和主要方法,并给出了典型工程案例。

本书由陕西省智能建筑产教融合科技创新服务平台牵头,王公儒任主编,蒋晨、冯义平任副主编。在本书的编写过程中,有少量图片和文字来自有关厂家的产品手册和说明书,西安开元电子实业有限公司给予了资金和人员等全方位的支持,西元工会职工书屋提供了大量的参考书,再此表示感谢。

本书配套大量的教学实训指导视频和PPT课件,请访问www.s369.com网站/教学资源栏下载或者在中国铁道出版社有限公司网站www.tdpress.com/51eds/中下载。

由于入侵报警系统工程是快速发展的综合性学科,书中可能存在不足之处,敬请读者批评指正。作者邮箱:s136@s369.com.

2021年8月

实训视频二维码索引表

序号	视频名称	二维码	页码
1	IAS-西元智能报警系统实训装置		17
2	IAS-实训11-入侵报警系统认知		17
3	IAS-实训12-入侵报警系统基本操作		19
4	IAS-实训21-电线电缆冷压接实训		51
5	IAS-实训31-PCB基板接线端子端接训练		75
6	IAS-实训51-手动紧急按钮的安装调试		139
7	IAS-实训52-红外光栅探测器的安装调试		141
8	IAS-实训53-双鉴探测器的安装调试		143
9	IAS-实训61-警号和声光报警器的安装调试		173

典型案例二维码索引表

序号	典型案例名称	二维码	页码
1	典型案例1　西元科技园入侵报警系统		8
2	典型案例2　银行入侵报警系统工程设计		93
3	典型案例3　天津市现代服务业职业技能培训鉴定基地智能楼宇工程实训中心安装案例		130
4	典型案例4　武汉职业技术学院智能建筑工程技术实训室的调试与验收案例		159
5	典型案例5　首钢技师学院楼宇自动控制设备安装与维护实训室工程管理		164

互动练习二维码索引表

序号	典型案例名称	二维码	页码
1	互动练习1　入侵报警系统的基本组成		15
2	互动练习2　入侵报警系统的应用		16
3	互动练习3　开关探测器工作原理		49
4	互动练习4　主动式红外探测器工作原理与布置方式		50
5	互动练习5　安全技术防范系统配置表		73
6	互动练习6　入侵报警系统图形符号		74
7	互动练习7　入侵报警系统工程的主要设计任务和要求		101
8	互动练习8　入侵报警探测器选型		102
9	互动练习9　入侵报警系统管路敷设原则		137
10	互动练习10　报警控制器的安装		138
11	互动练习11　入侵报警系统的检验		171
12	互动练习12　入侵报警系统施工质量验收		172

实训二维码索引表

序号	实训项目名称	二维码	页码
1	实训1　入侵报警系统认知		17
2	实训2　入侵报警系统基本操作		18
3	实训3　电线电缆冷压接训练		51
4	实训4　PCB基板接线端子端接训练		75
5	实训5　设计入侵报警系统工程		103
6	实训6　手动紧急按钮的安装调试		139
7	实训7　红外光栅探测器的安装调试		141
8	实训8　双鉴探测器的安装调试		143
9	实训9　警号和声光报警器的安装调试		173
10	实训10　入侵报警系统工程安装综合训练		174

目 录

单元1 认识入侵报警系统 1

1.1 入侵报警系统的基本概念 1
1.1.1 入侵报警系统的作用 1
1.1.2 入侵报警系统的基本概念 2
1.1.3 入侵报警系统技术的发展 2
1.2 入侵报警系统的基本组成 3
1.3 入侵报警系统的功能和应用 6
1.3.1 入侵报警系统的功能 6
1.3.2 入侵报警系统的应用 7
1.4 典型案例1 西元科技园入侵报警系统 8
课程思政1 细微中显卓越，执着中见匠心 13
习题 13
互动练习1 入侵报警系统的基本组成 15
互动练习2 入侵报警系统的应用 16
实训1 入侵报警系统认知 17
实训2 入侵报警系统基本操作 18

单元2 入侵报警系统的常用器材和工具 21

2.1 常用的探测器 22
2.1.1 探测器的分类 22
2.1.2 开关探测器 23
2.1.3 红外探测器 26
2.1.4 微波探测器 29

2.1.5 其他探测器 30
2.1.6 探测器的选用 34
2.2 入侵报警控制主机 34
2.2.1 入侵报警控制器的功能要求 35
2.2.2 西元报警主机介绍 36
2.3 入侵报警系统传输线缆 37
2.4 入侵报警系统工程的常用工具 42
2.4.1 万用表 43
2.4.2 电烙铁、烙铁架和焊锡丝 44
2.4.3 尖嘴钳和剥线钳 44
2.4.4 螺丝刀 45
2.4.5 压线钳 45
2.4.6 试电笔 46
2.4.7 电工微型螺丝刀 47
2.4.8 钢卷尺 47
习题 47
互动练习3 开关探测器工作原理 49
互动练习4 主动式红外探测器工作原理与布置方式 50
实训3 电线电缆冷压接训练 51
岗位技能竞赛 53

单元3 入侵报警系统工程常用标准简介 54

3.1 标准的重要性和类别 54
3.1.1 标准的重要性 54
3.1.2 标准术语和用词说明 54
3.1.3 标准的分类 55

3.2 GB 50314—2015《智能建筑设计标准》系统配置简介 55
 3.2.1 标准适用范围 55
 3.2.2 入侵报警系统工程的设计规定 55
3.3 GB 50606—2010《智能建筑工程施工规范》施工要求简介 57
 3.3.1 标准适用范围 57
 3.3.2 入侵报警系统工程的设计规定 57
3.4 GB 50339—2013《智能建筑工程质量验收规范》检验要求简介 59
 3.4.1 标准适用范围 59
 3.4.2 入侵报警系统工程的验收规定 59
3.5 GB 50348—2018《安全防范工程技术标准》简介 60
 3.5.1 标准适用范围 60
 3.5.2 入侵报警系统相关规定 60
3.6 GB 50394—2007《入侵报警系统工程设计规范》简介 62
 3.6.1 总则 62
 3.6.2 常用名词术语 62
 3.6.3 基本设计要求 63
 3.6.4 主要功能、性能要求 64
 3.6.5 设备选型与设置 65
 3.6.6 传输方式、线缆选型与布线 67
 3.6.7 供电、防雷与接地 68
 3.6.8 系统安全性、可靠性、电磁兼容性、环境适应性 68
 3.6.9 监控中心 69

3.7 GA/T 74—2017《安全防范系统通用图形符号》简介 69
习题 71
互动练习5 安全技术防范系统配置表 73
互动练习6 入侵报警系统图形符号 74
实训4 PCB基板接线端子端接训练 75
岗位技能竞赛 77

单元4 入侵报警系统工程设计 78

4.1 入侵报警系统工程设计原则和相关标准 78
 4.1.1 入侵报警系统工程设计原则 78
 4.1.2 入侵报警系统工程设计流程 78
 4.1.3 入侵报警系统工程设计相关标准 79
4.2 入侵报警系统工程的主要设计任务和要求 79
 4.2.1 入侵报警系统工程的主要设计任务 79
 4.2.2 设计任务书要求 80
 4.2.3 现场勘查 80
 4.2.4 初步设计 81
 4.2.5 设计方案论证 82
 4.2.6 正式施工图设计和施工文件编制 83
4.3 入侵报警系统工程的主要设计方法 84
 4.3.1 编制入侵报警探测器点位数量统计表 84
 4.3.2 设计入侵报警系统图 86
 4.3.3 编制入侵报警系统防区

　　　　编号表 88
　4.3.4　设计施工图 89
　4.3.5　编制材料统计表 90
　4.3.6　编制施工进度表 93
4.4　典型案例2　银行入侵报警系统
　　　工程设计 93
　4.4.1　项目背景 93
　4.4.2　需求分析 93
　4.4.3　设计依据 94
　4.4.4　入侵报警系统总体方案
　　　　设计 94
　4.4.5　点数统计表 96
　4.4.6　系统图 96
　4.4.7　防区编号表 96
　4.4.8　施工图 97
　4.4.9　材料表 97
　4.4.10　施工进度表 98
课程思政2　宝剑锋从磨砺出——记西安雁塔
　　　　工匠纪刚 98
习题 99
互动练习7　入侵报警系统工程的主要
　　　　　设计任务和要求 101
互动练习8　入侵报警探测器选型 102
实训5　设计入侵报警系统工程 103

单元5　入侵报警系统工程的安装 105
5.1　入侵报警系统工程安装流程 105
5.2　入侵报警系统工程安装准备 105
　5.2.1　工程安装应满足的条件 105
　5.2.2　安装前的准备工作 106
5.3　入侵报警系统管路敷设 108
　5.3.1　敷设原则 108
　5.3.2　电缆管的加工及敷设 111
　5.3.3　电缆支架的配置与安装 111
　5.3.4　线管安装技术 112
5.4　入侵报警系统的线缆敷设 115
　5.4.1　一般规定 115
　5.4.2　线缆的敷设 116
　5.4.3　线缆的绑扎标准 118
5.5　入侵报警系统设备的安装 120
　5.5.1　前端设备安装的一般规定 120
　5.5.2　常见探测器的安装 120
　5.5.3　报警控制器的安装 128
5.6　入侵报警系统的供电与接地 130
5.7　典型案例3　天津市现代服务业
　　　职业技能培训鉴定基地智能楼宇
　　　工程实训中心安装案例 130
　5.7.1　项目基本情况 130
　5.7.2　项目安装关键技术 132
习题 135
互动练习9　入侵报警系统管路
　　　　　敷设原则 137
互动练习10　报警控制器的安装 138
实训6　手动紧急按钮的安装调试 139
实训7　红外光栅探测器的安装调试 141
实训8　双鉴探测器的安装调试 143

单元6　入侵报警系统工程调试与验收 ... 147
6.1　入侵报警系统的调试 147
　6.1.1　入侵报警系统的调试准备工作
　　　　和要求 147
　6.1.2　产生误报警的原因及解决方法 148

6.2 入侵报警系统的检验 149
  6.2.1 一般规定 150
  6.2.2 设备安装、线缆敷设检验 150
  6.2.3 系统功能与主要性能检验 151
  6.2.4 安全性及电磁兼容性检验 152
  6.2.5 电源、防雷与接地检验 153
6.3 入侵报警系统工程的验收 153
  6.3.1 验收的内容 153
  6.3.2 验收的条件 154
  6.3.3 施工质量的验收 155
  6.3.4 技术质量的验收 156
  6.3.5 工程资料审查 157
  6.3.6 工程移交 157
6.4 典型案例4 武汉职业技术学院智能建筑工程技术实训室的调试与验收案例 159
  6.4.1 项目基本情况 159
  6.4.2 项目调试与验收的关键技术 ... 161

6.5 典型案例5 首钢技师学院楼宇自动控制设备安装与维护实训室工程管理 164
  6.5.1 项目基本情况 164
  6.5.2 工程管理 166

课程思政3 立足岗位、刻苦专研，技能创造思维、技能改变命运 168

习题 169

互动练习11 入侵报警系统的检验 171

互动练习12 入侵报警系统施工质量验收 172

实训9 警号和声光报警器的安装调试 173

实训10 入侵报警系统工程安装综合训练 174

习题参考答案 177

参考文献 184

单元 1

认识入侵报警系统

随着人们生活水平的不断提高，居家安全已经成为人们非常重视的事情。本单元首先介绍入侵报警系统的基本概念和主要组成部分，然后介绍系统功能和工程应用，最后安排典型工程案例，帮助读者快速认识和了解入侵报警系统。

学习目标：
- 掌握入侵报警系统的基本概念。
- 掌握入侵报警系统的基本组成及功能。
- 了解入侵报警系统的发展。

1.1 入侵报警系统的基本概念

1.1.1 入侵报警系统的作用

随着经济的发展，人们生活日益改善，对生命和家庭财产安全越来越重视，采取了许多措施来保护家庭的安全，入侵报警系统应运而生。

入侵报警系统是指当有人非法侵入防范区时引起报警的装置，它可以及时探测非法入侵，并且在探测到有非法入侵时，及时向有关人员示警。入侵报警系统通常用探测器对建筑内外重要地点和区域进行布防，例如门磁开关、玻璃破碎报警器等可有效探测外来的入侵，红外探测器可感知人员在楼内的活动等。一旦发生入侵行为，它能及时记录入侵的时间、地点，同时通过报警设备发出报警信号。简而言之，入侵报警系统可用来更好地保护人们工作、生活的区域免遭不法分子入侵，从而能够更好地保护人们的人身安全和财产安全。图1-1所示为入侵报警系统示意图。

图1-1　入侵报警系统示意图

1.1.2 入侵报警系统的基本概念

入侵报警系统是安全防范自动化系统的一个子系统,它能根据建筑物的安全技术防范管理的需要,对设防区域的非法入侵、盗窃、破坏和抢劫等行为,进行实时有效地探测和报警,并具有报警复核的功能。

GB 50394—2007《入侵报警系统工程设计规范》国家标准中定义:入侵报警系统(intruder alarm system,IAS)是利用传感器技术和电子信息技术探测并指示非法进入或试图非法进入设防区域的行为、处理报警信息、发出报警信息的电子系统或网络。

1.1.3 入侵报警系统技术的发展

入侵报警技术是在与犯罪分子斗争的过程中不断发展、完善起来的。早期的入侵防盗探测器主要用于室内,现在人们已研制出多种可用于室外做周界防范的探测器,如主动红外探测器、微波探测器、电场感应探测器、数字视频探测器、泄漏电缆探测器等,它们各有特点,适合在不同环境条件下使用,对防范场所的周界起报警探测的作用。

1. 开关探测器

早期的犯罪分子直接进入盗窃或犯罪现场进行盗窃及破坏活动,针对这类盗窃破坏方式,科研人员研制出开关式探测器。这种探测器结构简单,安装使用方便,可以安装在门、窗、保险柜及抽屉或贵重物品下面,当犯罪分子打开门、窗、抽屉或者拿走贵重物品时,就会引起开关状态的改变,触发探测器发出报警信息。

2. 玻璃破碎探测器和振动探测器

随着时间的推移,有些犯罪分子掌握了开关探测器的原理,作案时打碎玻璃进入,不需要触发开关。为了对付这种犯罪方式,人们研究出了**玻璃破碎探测器和振动探测器**。当犯罪分子打碎门窗玻璃或者在墙上挖洞进入室内时,就会触发玻璃破碎探测器或振动探测器进行报警。

3. 移动探测器

针对大型建筑物或者空间的防盗问题,科研人员研制出空间移动探测器,包括超声波探测器、微波探测器、被动红外探测器等,只要设防空间有人活动就会触发报警,防止盗贼利用博物馆、商店等白天开放的机会,躲在这些场所的某些隐蔽角落,在晚上闭馆关门后,再出来作案,第二天开门后再偷偷溜走。

4. 双技术探测器

双技术探测器是将两种不同的探测技术结合在一起,当两者都感应到有目标入侵时才会发出报警信号,如果仅其中一种探测技术发现目标则不会报警。双技术探测器利用两种不同的探测技术同时对防范场所进行探测,它发挥了不同探测技术的长处,而克服了彼此的缺点,使双技术探测器的误报率大为降低,可靠性大大提高。目前应用最多的是微波/被动红外双技术探测器。

5. 数字视频探测器

数字视频探测器是随着数字电路技术、计算机网络技术和电视技术的发展而出现的一种新式探测器,它集电视监控与报警技术于一体,具有监视、报警、复核、图像记录、取证等多种功能,是当前最先进的一种探测器。

1.2 入侵报警系统的基本组成

入侵报警系统一般由前端设备、传输设备、处理/控制/管理设备及显示记录设备四部分组成（见图1-2），比较复杂的入侵报警系统还包括验证设备。日常生活中，一般只能看到前端的各种探测器，不能全面和系统地认识入侵报警系统。

图1-2　入侵报警系统构成框图

西元智能报警系统实训装置搭建和集成了一个完整的入侵报警系统，能够帮助人们清楚直观地认识各部分设备和布线系统，特别方便学生实训时使用。因此，这里以图1-3所示的入侵报警系统拓扑图和图1-4所示的西元智能报警系统实训装置为例，详细介绍入侵报警系统的基本组成。

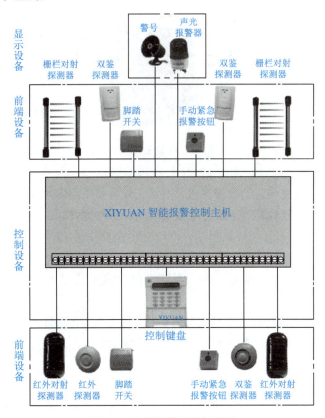

图1-3　入侵报警系统拓扑图

图1-4　西元智能报警系统实训装置

1. 前端设备

前端设备主要包括各种探测器和紧急报警装置。

（1）探测器。探测器是对入侵或企图入侵行为进行探测做出响应并产生报警状态的装置，图1-5所示为常见的探测器。为了适应不同场所、不同环境、不同地点的探测要求，在系统的前端需要安装一定数量的各种类型的探测器，负责监视保护区域现场的任何入侵活动。

探测器是用来探测入侵者移动或其他动作的电子或机械部件组成的装置，通常由传感器和信号处理器组成。传感器把压力、振动、声响、电磁场等物理量转换成易于处理的电量,如电压、电流等。信号处理器把电压或者电流放大,使其成为一种合适的信号。探测器输出的一般是无源开关信号。

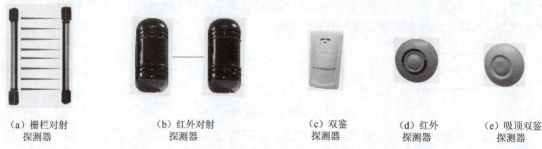

(a) 栅栏对射探测器　　(b) 红外对射探测器　　(c) 双鉴探测器　　(d) 红外探测器　　(e) 吸顶双鉴探测器

图1-5　常见探测器

（2）紧急报警装置。紧急报警装置是紧急情况下,由人工故意触发报警信号的开关装置。最常用的为脚踏开关和手动紧急报警按钮,如图1-6、图1-7所示。

图1-6　脚踏开关　　　　　　　　图1-7　手动紧急报警按钮

2. 传输设备

传输设备是将探测器所感应到的入侵信息传送给报警主机,有线传输主要采用多芯线电缆进行传输,无线传输包括无线发射器、无线接收器等无线传输设备。选择传输方式时,应考虑以下三点：

（1）必须能快速准确地传输探测信号。

（2）应根据警戒区域的分布、传输距离、环境条件、系统性能要求及信号的容量来选择。

（3）应优先选用有线传输,特别是专用线传输。当布线有困难时,可用无线传输方式。设计线路时,布线要尽量隐蔽、防破坏,根据传输距离的远近,选择合适截面的线芯来满足系统前端对供电压降和系统容量的要求。

3. 处理/控制/管理设备

处理/控制/管理设备主要包括报警控制主机、控制键盘等设备。图1-8所示为西元报警控制主机,图1-9所示为控制键盘。报警控制设备是指在入侵报警系统中,实施设防、撤防、测试、判断、传送报警信息,并对探测器的信号进行处理,判断是否应该产生报警状态以及完成某些显示、控制、记录和通信功能的装置。

单元1　认识入侵报警系统

 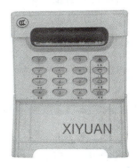

图1-8　西元报警控制主机　　　　　　　　　图1-9　控制键盘

处理/控制/管理设备一般安装在监控中心，也是监控中心的核心设备，接收来自前端现场探测器发出的各种报警信号，并且对这些信息进行处理、存储、显示，以声、光等形式输出报警信号，直观显示发生入侵的部位和时间。

选择报警控制主机时，应能满足以下条件：

（1）当入侵者企图拆除报警器或者破坏线路，使线路发生开路或短路时，报警控制主机能及时报警，具有防撬和防破坏功能。

（2）在开机或交接班时，报警控制主机能够对系统进行检测，具有自检功能。

（3）具备主电与备电切换系统，当市电停电后，报警控制主机仍能在备用电源的供电下继续工作。

（4）具有打印记录功能和报警信号外送功能。

（5）报警控制主机工作稳定可靠，减少误报和漏报现象。

4．显示/记录设备

显示/记录设备是用来直观显示和提醒、记录设防区域现场报警信息的设备。图1-10所示为常用的警号，图1-11所示为常用的声光报警器。显示/记录设备一般安装在门卫室、值班室，警示和提醒安保人员对警情进行及时处理。

图1-10　警号　　　　　　　　　图1-11　声光报警器

5．验证设备

验证设备及其系统，即声/像验证系统，由于报警器不能做到绝对不误报，所以往往会附加视频监控和声音监听等验证设备，以确切判断现场发生的真实情况，避免警卫人员因误报而疲于奔波。例如，声音复核装置是用于探听入侵人员在防范区域内走动、行窃和破获活动时发出声音的验证装置。

在实际应用中，入侵报警系统一般与其他安全技术防范系统联合使用（例如视频监控系统），当发生报警信号时，首先查看报警部位的实时监控画面，确认和复核入侵事件、部位、人员数量等，也可以事后回放录像进行复核，确认有入侵事件时，保安人员现场查看并进行处理。

1.3 入侵报警系统的功能和应用

1.3.1 入侵报警系统的功能

入侵报警系统是综合性安全技术防范的重要组成部分，各个探测器监测对应的防范区域，组成严密的安全防范系统。在实际设计和使用中，必须根据现场环境和安全防范需求，合理地选择和安装各种报警探测器，才能较好地达到安全防范的目的。需要熟悉产品功能，兼顾可靠性和灵敏度，采取防干扰、防撬和防破坏等措施，避免误报，合理地选择报警探测器的灵敏度，保护传输线路，提高入侵报警系统的稳定性和可靠性。

1. 探测功能

入侵报警系统的探测功能主要对可能的入侵行为进行准确、实时地探测，并实时输出报警状态。一般应考虑探测和报警的行为如下：

（1）非法打开门、窗、空调系统等的百叶窗入侵。
（2）非法使用暴力，通过门、窗、天花板、墙等建筑外围结构入侵。
（3）非法破碎玻璃入侵。
（4）非法在建筑物内部移动。
（5）非法接触保险柜等重要物品。
（6）触发紧急报警装置。

2. 响应功能

入侵报警系统的响应功能主要是一个或多个设防区域产生报警时，必须及时发出相应信号。入侵报警系统的响应时间应符合下列要求：

（1）分线制入侵报警系统不大于2 s。
（2）无线和总线制入侵报警系统的任一防区首次报警不大于3 s，其他防区后续报警不大于20 s。

3. 指示功能

入侵报警系统应能对下列事件的来源和时间给出指示：

（1）正常状态。
（2）试验状态。
（3）入侵行为产生的报警状态。
（4）防撬报警状态。
（5）故障状态。
（6）主机电源断电，备用电源欠压。
（7）设置布防警戒状态。
（8）设置撤防警戒状态。
（9）传输信息失败状态。

4. 控制功能

入侵报警系统应具有控制功能，能够对下列控制功能进行编程设置：

（1）瞬时防区和延时防区。
（2）全部或部分探测回路设置布防警戒。
（3）全部或部分探测回路设置撤防警戒。
（4）向远程中心传输信息或取消信息。
（5）向辅助系统发出控制信号。

5. 记录和查询功能

入侵报警系统应能对下列事件进行记录和事后查询：
（1）所有报警事件、控制的编程设置。
（2）操作人员的姓名、开关机时间。
（3）警情的处理。
（4）设备维修。

6. 传输功能

入侵报警系统必须满足以下传输要求：
（1）报警信号的传输可采用有线或无线传输方式。
（2）报警系统应具有自检巡检功能。
（3）入侵报警系统应有与远程中心进行有线或无线通信的接口，并能对通信线路的故障进行监控。
（4）报警信号传输系统的技术要求应符合国家标准规定。

1.3.2 入侵报警系统的应用

现代社会中，人们对安全防范的意识不断提高，使得入侵报警系统也从某些特定领域逐渐走入人们的日常生活中。目前，入侵报警系统常用于很多领域，包括安全防范、交通运输、医疗救护、应急救灾、感应探测等。

最常用到的报警系统就是入侵检测报警系统。图1-12所示为住宅的安全防范入侵报警系统。当有人入侵房间时，安装在各部位的探测器就能够探测出哪个房间遭到入侵，并发出报警信号给报警主机，主机会自动呼叫报警中心或户主电话进行报警。

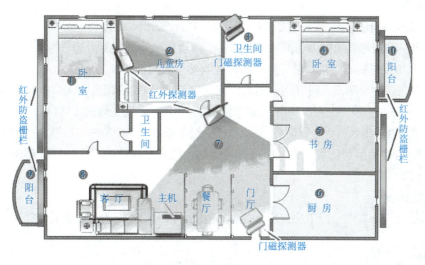

图1-12　住宅安全防范报警系统

图1-13所示为医疗报警以及救护的过程。当人员发生意外受伤时，只要按下带无线传输功能的求救发射器，就会有求救信号传送到救护中心，从而快速实施救援。

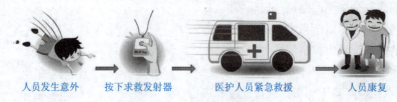

图1-13 医疗报警及救护过程

1.4 典型案例1 西元科技园入侵报警系统

为了全面直观地了解入侵报警系统，本书围绕典型工程案例进行介绍，以方便读者比较全面地了解入侵报警系统的概况、设计原则以及主要工作任务与文件。

1. 项目名称
项目名称：西元科技园入侵报警系统工程。

2. 项目地址
项目地址：西安市高新区秦岭四路西安西元电子科技有限公司科技园（简称西元科技园）。

3. 建设单位
建设单位：西安西元电子科技集团有限公司（以下简称西元公司）。

4. 设计施工单位
设计施工单位：西安开元电子实业有限公司。

5. 项目概况
西元科技园位于西安市高新区草堂科技产业园秦岭四路以北，草堂八路以东，占地面积14 652 m²（约22亩），一期建设有3栋大楼，建筑面积12 500 m²，一期总投资7 500万元，主营业务为大型复杂信息网络系统和智能楼宇系统工程设计与实施，信息网络布线、智能楼宇、智能家居、管道安装等教学实训设备的研发和生产销售。

6. 物防情况
西元科技园四周建设有2.5 m高的栏杆式围墙，栏杆间距不大于110 mm，每隔4 m安装有围墙灯，夜间常开。东边和北边围墙与其他公司共用，西边围墙外是宽度为30 m的草堂八路，南边围墙外是宽度为30 m的秦岭四路。西元科技园设计有两个大门，西大门宽度为6 m，设计为大型货车出入，平时关闭，车辆出入时开门。南大门宽度13.6 m，设计为园区主入口和人行通道。

1号楼为科研办公楼，主入口朝南，面对南大门，为玻璃幕墙安装的玻璃自动门，需要采取技防措施。东边和西边出入口为金属防盗门。1号楼一层全部窗户安装窗户专用锁，平时关闭。

2号楼和3号楼为生产厂房，出入口全部为金属大门或金属防盗门，一层全部窗户安装窗户专用锁，平时关闭。

7. 人防情况
西元科技园设计有两个门卫房，南大门24 h值班，西大门夜间值班，保安夜间不间断巡逻，公司制定有完善的安全保卫条例和保安巡逻管理制度,有专人负责园区安全防范工作。公司向南300 m为园区派出所和消防中队。前期调研了解的信息为当地社会治安情况良好。

8. 技防情况

西元科技园在前期设计阶段,充分考虑了物防、人防、技防情况。园区设计与管理的技防手段如下:

(1)西元科技园3栋大楼一层窗户全部安装了窗户专用锁,只能从室内开锁后才能开启窗户,预防非法入侵。

(2)西元科技园周边及建筑内外安装有视频监控系统,监控中心设置在南门房,安装有监控主机和监视器,可以实时显示和查看科技园内的现场图像,并完成图像的记录和存储。

(3)西元科技园安装有夜间自动照明系统,在夜间有人员接近大楼时,照明灯自动开启。

(4)西元科技园安装有保安巡更系统,在园区边界、主要通道和3栋大楼周边安装有85个巡更点。

(5)西元科技园设计有完善的综合布线系统,各个大楼与两个门卫房之间预留有足够的网络双绞线和25对大对数电缆等缆线。

9. 设计原则

鉴于西元科技园设计有比较完善的物防、人防、技防措施,本入侵报警系统的设计原则如下:

(1)充分发挥入侵报警系统实时检测和报警等功能,在园区安装完善的入侵报警系统,保证系统正常工作,实时监测非法入侵事件并发出报警信号。

(2)根据西元科技园现场情况,合理设计划分多个防区,每个防区设置相适应的探测器,完成实时监测和报警。例如,在园区的围墙上安装红外对射探测器,一但有人非法翻墙入侵,即可及时检测并发出报警信号。

(3)报警中心配置报警主机、控制键盘等入侵报警控制设备,保证安保人员对系统的布防和撤防操作,且发生报警时能够清楚识别、显示报警区域。

(4)鉴于西元科技园园区各防区距离较近、探测防区较少且比较集中的情况,本入侵报警系统可采用分线制的组建模式。

(5)报警中心设计在24 h值班的南门卫房,距离园区派出所最近,报警中心安装警号和警灯等报警输出响应设备。如果发生非法入侵事件,报警系统实时发出报警信号,自动拨打3组电话,警号鸣响,警灯闪烁。

10. 入侵报警系统的主要设备

西元科技园入侵报警系统将园区设计划分为16个防区,共设置36个探测器,其中,1号楼6个防区、16个探测器;2号楼4个防区、8个探测器;3号楼6个防区、12个探测器。在南门房报警中心,安装有智能报警控制主机、控制键盘、警号、声光报警器、脚踏开关、手动紧急按钮。图1-14所示为西元科技园报警系统图,表1-1所示为西元科技园报警系统防区编号表,图1-15所示为1号楼一层报警点位图,图1-16所示为园区报警系统施工图,图1-17所示为园区3号楼一层布线施工图。

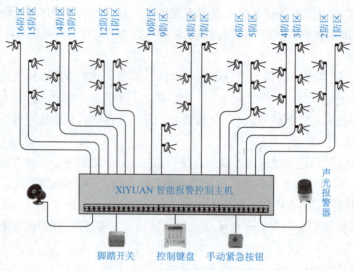

图1-14 西元科技园报警系统图

表1-1 西元科技园报警系统防区编号表

防区编号	1	2	3	4	5	6	7	8	9	10	11	12	13	14	15	16	合计
建筑物	1号研发楼内外					2号厂房					3号厂房内外						3栋
探测器设防区域	西入口	西北办	西南办	东南办	东北办	办公室	西入口	南边界	东入口	办公室	西入口	北边界	北边界	南边界	东入口		16个防区
探测器数量	2	2	4	3	2	2	3	2	2	2	3	1	3	2	1		36个

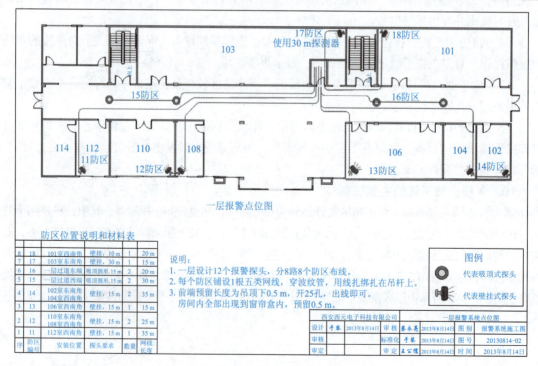

图1-15 1号楼一层报警点位图

单元1 认识入侵报警系统

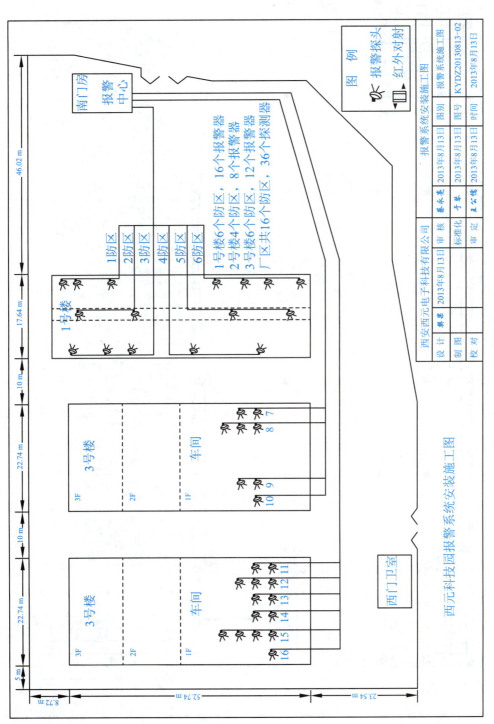

图1—16 园区报警系统施工图

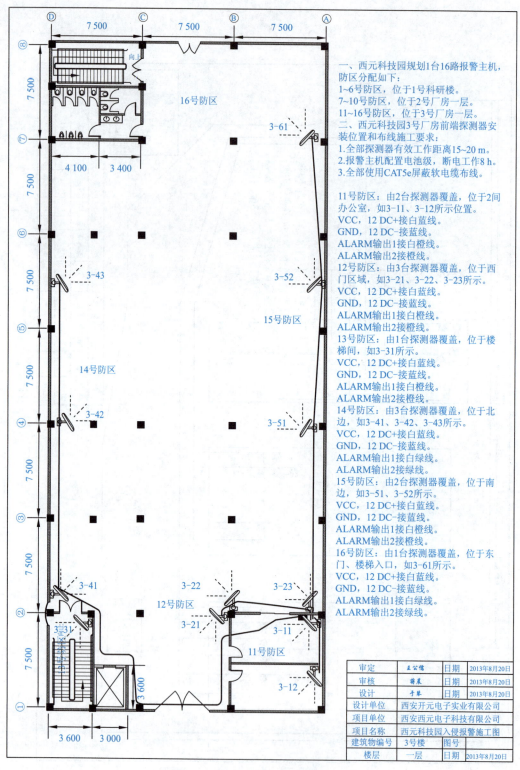

图1-17 园区3号楼一层布线施工图

单元1　认识入侵报警系统

课程思政1　细微中显卓越，执着中见匠心

2020年荣获"西安市劳动模范"称号的纪刚技师（见图1-18和图1-19）用16年的时间书写了匠心与执着。2004年，中专毕业的纪刚被西安开元电子实业有限公司录取，从学徒工做起的他开始不断地学习和钻研，不懂就问，反复练习，业余时间就去图书馆、书店"充电"，反复琢磨消化师傅教授的知识，每天坚持写工作日志，记录并核算自己在工作当中的不足……

图1-18　纪刚劳模工作照片

图1-19　纪刚劳模带徒照片

16年时间，纪刚从一名学徒成长为国家专利发明人，拥有国家发明专利4项、实用新型专利12项，精通16种光纤测试技术、200多种光纤故障设置和排查技术。先后被授予"西安市劳动模范""西安市优秀党务工作者""西安好人""雁塔工匠""中国计算机学会（CCF）高级会员"等荣誉称号。

技能改变了命运，也把不可能变成了可能。他说："我只是一名普通的技术工人，能在自己的岗位上做好一颗螺丝钉，心里很踏实。"

扫描二维码观看《百炼成"刚"》微视频，该视频由中共西安市雁塔区委和西安市雁塔区人民政府出品，"以细微中显卓越，执着中见匠心"为主题介绍了西安市劳动模范纪刚技师的先进事迹。该视频在全国总工会与中央网信办联合主办的2020年"网聚职工正能量　争做中国好网民"主题活动中，获得优秀作品奖。

更多纪刚劳模先进事迹的媒体报道和Word版介绍资料，请访问中国铁道出版社有限公司网站（http://www.tdpress.com/51eds/）下载。

《百炼成"刚"》微视频

习　题

一、填空题（10题，每题2分，合计20分）

1. GB 50394《入侵报警系统工程设计规范》国家标准中定义：入侵报警系统是利用_____技术和电子信息技术探测并指示_____设防区域的行为、处理报警信息、发出报警信息的电子系统或网络。（参考1.1.2知识点）

2. 入侵报警系统一般由_____、_____、处理/控制/管理设备及_____四个主要部分组成。（参考1.2知识点）

3. 入侵报警系统前端设备主要包括各种_____和_____。（参考1.2知识点）

4. 探测器是对_____行为进行探测做出响应并产生报警状态的装置。（参考1.2知识点）

5. 紧急报警装置是紧急情况下，由人工故意触发报警信号的开关装置。最常用的为_____和_____。（参考1.2知识点）

6. 传输设备是将探测器所感应到的_____传送给报警主机。（参考1.2知识点）
7. 处理/控制/管理设备主要包括_____、_____等设备。（参考1.2知识点）
8. 处理/控制/管理设备一般安装在_____、也是监控中心的_____。（参考1.2知识点）
9. 显示记录设备是用来直观_____、记录设防区域现场_____的设备。（参考1.2知识点）
10. 入侵报警系统是_____的重要组成部分。（参考1.3.1知识点）

二、选择题（10题，每题3分，合计30分）

1. 入侵报警系统是（　　）的一个子系统。（参考1.1.2知识点）
   A. 通信自动化　　B. 安全防范自动化　　C. 建筑自动化　　D. 办公自动化
2. 双技术探测器是将两种不同的探测技术结合在一起，目前应用最多的是（　　）双技术探测器。（参考1.1.3知识点）
   A. 微波与被动红外　　　　　　　B. 超声波与被动红外
   C. 微波与振动　　　　　　　　　D. 超声波与振动
3. 数字视频探测器是一种新式探测器，它集（　　）技术于一体。（参考1.1.3知识点）
   A. 电视监控与对讲　B. 报警与对讲　　C. 电视监控与报警　　D. 报警与消防
4. 以下不属于入侵报警系统的前端设备是（　　）。（参考1.2知识点）
   A. 红外栅栏式探测器　B. 红外对射探测器　C. 警号　　D. 双鉴探测器
5. 探测器是用来探测入侵者移动或其他动作的电子或机械部件组成的装置，通常由（　　）和（　　）组成。（参考1.2知识点）
   A. 传感器　　　　B. 感应机构　　　C. 信号处理器　　D. 处理机构
6. 入侵报警系统有线传输主要采用（　　）进行传输，无线传输包括（　　）、（　　）等无线传输设备。（参考1.2知识点）
   A. 多芯线电缆　　B. 光缆　　　　C. 无线发射器　　D. 无线接收器
7. 报警控制设备是指在入侵报警系统中，实施（　　）、撤防、测试、（　　）、传送报警信息的设备。（参考1.2知识点）
   A. 设防　　　　　B. 测试　　　　C. 撤防　　　　　D. 判断
8. 显示/记录设备一般安装在（　　）、值班室，（　　）和提醒安保人员对警情进行及时处理。（参考1.2知识点）
   A. 门卫室　　　　B. 楼道　　　　C. 警示　　　　　D. 办公室
9. 由于报警器不能做到绝对不误报，所以往往会附加（　　）和（　　）等验证设备。（参考1.2知识点）
   A. 视频监控　　　B. 入侵探测器　C. 声音监听　　　D. 报警主机
10. 入侵报警系统具有（　　）功能。（参考1.3.1知识点）
    A. 探测功能　　　B. 响应功能　　C. 传输功能　　　D. 控制功能

三、简答题（5题，每题10分，合计50分）

1. 简述入侵报警系统技术的发展。（参考1.1.3知识点）
2. 入侵报警系统一般由哪几大部分组成？每部分都有哪些主要设备？（参考1.2知识点）
3. 如何正确选择报警信号传输方式？（参考1.2知识点）
4. 如何正确选择报警控制主机？（参考1.2知识点）
5. 入侵报警系统具有哪些功能？（参考1.3.1知识点）

互动练习1 入侵报警系统的基本组成

专业_____   姓名_____   学号_____   成绩_____

入侵报警系统一般由前端设备、传输线路、处理/控制/管理设备及显示记录四个主要部分组成。请按照图1-20所示，在图1-21中添加文字，说明入侵报警系统的基本组成，并依据所学内容简单描述入侵报警系统各组成部分的主要设备及基本功能。

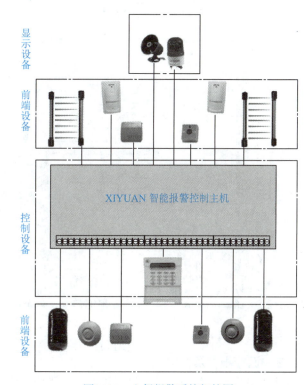

图1-20 西元智能报警系统实训装置　　　图1-21 入侵报警系统拓扑图

1. 前端设备：_____
_____

2. 传输线路：_____
_____

3. 处理/控制/管理设备：_____
_____

4. 显示记录：_____
_____

互动练习2　入侵报警系统的应用

专业_____　　姓名_____　　学号_____　　成绩_____

1. **住宅安全防范入侵报警系统**

　　当有人入侵房间时,安装在各部位的探测器就可探测出哪个房间遭到入侵,并发出报警信号给报警主机,主机会自动呼叫报警中心或户主电话进行报警。请在图1-22所示的住宅安全防范报警系统图中文本框内添加设备名称。

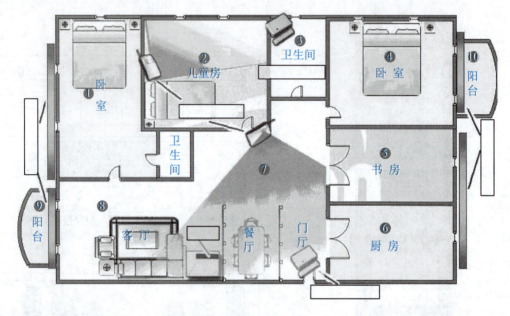

图1-22　住宅安全防范报警系统图

2. **医疗报警及救护**

　　当人员发生意外受伤时,只要按下带无线传输功能的发射器,就会有求救信号传送到救护中心,从而快速实施救援。请在图1-23所示的医疗报警及救护过程图中添加对应过程的名称。

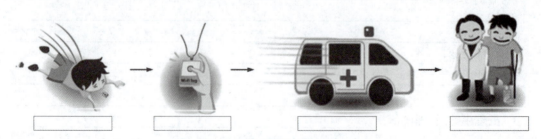

图1-23　医疗报警及救护过程

实训1　入侵报警系统认知

1. 实训任务来源

入侵报警系统是安全防范系统的一个重要子系统，能够有效地防范非法入侵的行为，已广泛应用到民用建筑、银行、学校、企事业单位、医院等各类建筑安全防范系统中。同时，入侵报警系统已成为相关专业的必修课程或重要的选修课程，入侵报警系统越来越重要了。

2. 实训任务

独立完成入侵报警系统认知，包括入侵报警系统各组成部分的相关硬件设备，及各个设备之间的连接关系，并绘制入侵报警系统的接线图。

3. 技术知识点

熟悉GB 50394—2007《入侵报警系统工程设计规范》国家标准对入侵报警系统定义和构成的相关规定。

（1）入侵报警系统是利用传感器技术和电子信息技术探测并指示非法进入或试图非法进入设防区域的行为、处理报警信息、发出报警信息的电子系统或网络。

（2）入侵报警系统一般由前端设备、传输设备、处理/控制/管理设备及显示记录设备四部分组成，比较复杂的入侵报警系统还包括验证设备。

4. 实训课时

（1）该实训共计1课时完成，其中技术讲解和视频演示15 min，学员操作25 min，实训总结5 min。

（2）课后作业2课时，独立完成实训报告，提交合格实训报告。

5. 实训指导视频

（1）978-7-113-28652-1-《西元智能报警系统实训装置》（6分14秒）。

（2）978-7-113-28652-1-实训1-《入侵报警系统认知》（15分01秒）。

视频
西元智能报警系统实训装置

视频
入侵报警系统认知

6. 实训设备

"西元"智能报警系统实训装置，产品型号：KYZNH-02-2。

本实训装置专门为满足入侵报警系统的工程设计、安装调试等技能培训需求开发，配置有报警主机、各种前端探测器、声光报警器等典型设备，电工压接实训装置、电工电子端接实训装置等端接基本技能训练设备，特别适合学生认知和技术原理演示，具有工程实际使用功能，能够在真实的应用环境中进行工程安装实践和操作管理，理实合一。

7. 实训步骤

（1）预习和播放视频

课前应预习，初学者提前预习，反复观看实训指导视频熟悉技术知识点，了解入侵报警系统基本概念、组成和设备连接关系。

（2）实训内容

西元智能报警系统实训装置将智能报警系统的四个主要组成部分集成在一起，认识实训装置上的所有设备，了解各个设备之间的连接关系，快速完成对入侵报警系统的认知。

第一步：设备认知。逐一认识装置上入侵报警系统相关实物设备，并说明其属于入侵报警系统的哪个组成部分。

第二步：布线认知。观察各个设备所接线缆，说明各个线缆的作用以及各设备之间的连接关系。

第三步：独立绘制本装置入侵报警系统的接线图，包括信号接线和电源接线，并标明设备名称以及各种设备属于入侵报警系统的哪个部分等。

第四步：两人一组，通过实训装置互相介绍入侵报警系统。

8. 实训报告

按照表1-2所示的实训报告模板（或学校模板）独立完成实训报告，2课时。

为了通过实训报告训练学生的文案编写能力，训练工程师等专业人员的严谨工作态度、职业素养与岗位技能，作者对本书的全部实训报告提出如下具体要求，请教师严格评判。

（1）实训报告应该是1项工作任务，日事日毕，必须按照规定时间完成，教师评判成绩时，未按时提交者直接扣减10分（百分制）。

（2）实训报告必须提交打印版或电子版，要求页面和文字排版合理规范，图文并茂，没有错别字。建议教师评判时，出现1个错别字直接扣5分。

（3）全部栏目内容填写完整，内容清楚、正确。表格为A4幅面，按照填写内容调整。

（4）"实训步骤和过程描述"栏，必须清楚叙述主要实训操作步骤和过程，总结关键技能，增加实训过程照片、作品照片、测试照片等，至少有1张本人出镜的正面照片。

（5）"实训收获"栏描述本人完成工作量和实训收获，及掌握的实践技能和熟练程度等。

表1-2　实训报告模板

学校名称		学院/系		专业	
班　　级		姓　　名		学号	
课程名称		实训项目		日期	年　月　日
实训报告类别	成绩	实训报告内容			
1.实训任务来源和应用	5分				
2.实训任务	5分				
3.技术知识点	5分				
4.关键技能	5分				
5.实训时间（按时完成）	5分				
6.实训设备	5分				
7.实训材料和工具	5分				
8.实训步骤和过程描述	30分				
9.作品测试结果记录	15分				
10.实训收获	20分				
教师评判与成绩					

说明：该实训报告适用全书，也可根据不同项目进行增减。

实训2　入侵报警系统基本操作

1. 实训任务来源

入侵报警系统的基本控制操作是系统调试和运维人员必备的岗位技能，正确的调试和及时的运行维护，直接关系到入侵报警系统的正常使用。

2. 实训任务

熟悉入侵报警系统的基本操作功能，独立完成各项功能的操作控制。

3. 技术知识点

（1）控制键盘的操作界面及功能。

（2）入侵报警系统布防操作方法。

（3）入侵报警系统撤防操作方法。

4. 实训课时

（1）该实训共计1课时完成，其中技术讲解和视频演示15 min，学员操作25 min，实训总结5 min。

（2）课后作业2课时，独立完成实训报告，提交合格实训报告。

5. 实训指导视频

978-7-113-28652-1-实训2-《入侵报警系统基本操作》（5分05秒）。

视 频

入侵报警系统
基本操作

6. 实训设备

"西元"智能报警系统实训装置，产品型号：KYZNH-01-2。

本实训装置专门为满足入侵报警系统的工程设计、安装调试等技能培训需求开发，配置有报警主机、探测器、控制键盘、警号等全套入侵报警系统设备，可实现入侵报警系统的基本控制操作，特别适合学生认知和操作演示，具有工程实际使用功能，能够在真实的应用环境中进行工程安装实践和操作管理，理实合一。

7. 实训步骤

（1）预习和播放视频

课前应预习，初学者提前预习，反复观看实训指导视频熟悉入侵报警系统相关基本操作的功能和方法。

（2）实训内容

① 认识控制键盘和显示屏。入侵报警系统控制键盘如图1-24所示。

防区指示灯。显示屏有16路防区编号，报警信号采用对应防区编号改变颜色的方式显示。当对应防区探测到该防区内有入侵信号时，该防区编号指示灯变为红色。

状态指示灯。在显示屏下部有电源、布防、准备和服务指示灯。

电源指示灯与服务指示灯为常亮。

准备指示灯点亮时，才能布防，如果准备指示灯不亮，无法布防。只有全部防区没有报警信号时，或者无人时，准备指示灯才会点亮。

布防指示灯平时不亮，只有在布防成功后才能点亮。

② 报警系统布防操作实训。

只有在准备指示灯亮时，才能布防，如图1-25所示。

输入[1 2 3 4 #]，进行布防，键盘会发出默认60 s连续的"滴……滴……滴"声，"滴"声停止时，表示布防成功，此时布防指示灯亮起，如图1-26所示。

注意：正在布防时，如果防区报警指示灯亮，就无法布防，造成布防失败。

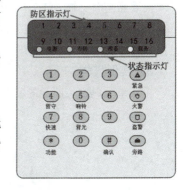

图1-24 入侵报警系统控制键盘

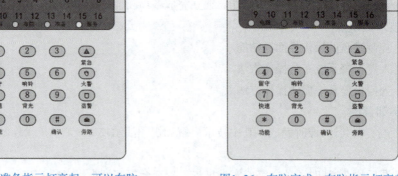

图1-25　准备指示灯亮起，可以布防　　　　图1-26　布防完成，布防指示灯亮起

③ 报警系统撤防操作实训。当发生报警信号之后，警铃、警号声光报警器等连续鸣响，同时自动拨打报警电话。图1-27所示为第三防区发生入侵报警。

保安人员首先查看键盘显示器的报警防区，现场查看和处理。发生报警的防区指示灯快速闪烁以提示该防区曾经发生过报警。

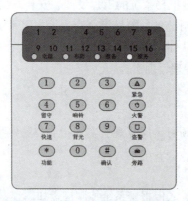

图1-27　第三防区发生入侵报警

需要撤防时，输入[1 2 3 4 #]，即可撤防。撤防后，消除警铃和警号鸣响等。

④ 报警系统消除报警记录操作实训。在撤防之后或者布防前，输入[* 1 #]消除报警记忆，发生报警的防区指示灯停止闪烁并熄灭。

8. 实训报告

按照单元1表1-2所示的实训报告要求和模板，独立完成实训报告，2课时。

单元 2

入侵报警系统的常用器材和工具

器材和工具是任何一个系统工程的基础,通过学习和熟悉入侵报警系统的主要器材,能够加深对其结构组成与功能特点的理解,有利于提高工程施工质量与效率。本单元主要介绍入侵报警系统常用器材和工具的特点与使用方法。

学习目标:
- 认识入侵报警系统工程常用器材,熟悉其基本工作原理和安装使用方法。
- 认识入侵报警系统工程常用工具,掌握其使用方法和技巧。

入侵报警系统工程常用器材和工具种类繁多,为了方便教学与实训,这里将器材的名称、功能、照片和实物一一对应介绍,以便快速熟悉器材。本单元以西元安防报警类器材展柜为例进行介绍。

西元安防报警类器材展柜精选了入侵报警系统工程的典型设备进行展示和介绍,如图2-1所示。

图2-1 西元安防报警类器材展柜

2.1 常用的探测器

在单元1中讲到探测器是入侵报警系统的前端设备，其主要作用是用来探测非法入侵的行为，并做出响应，发出报警信号。它主要由传感器和信号处理器组成，下面详细介绍各种探测器。

2.1.1 探测器的分类

入侵报警探测器的种类繁多，通常按传感器的类型、工作方式、警戒范围、探测信号传输方式、应用场合等标准来划分。

1. 按传感器类型划分

按传感器类型，即按传感器探测的物理量来进行划分，探测器通常可分为磁开关探测器、振动探测器、声控探测器、超声波探测器、次声波探测器、红外探测器、电场感应式探测器、微波探测器等。

2. 按工作方式划分

按工作方式划分可分为主动式探测器与被动式探测器。

（1）主动式探测器。探测器在工作时向探测范围内发出某种能量，经过反射或者直射，在接收传感器上形成一个稳定的信号。当有物体入侵时，稳定信号被破坏，经处理后，探测器就会输出一个报警信号，传输给报警主机。例如，微波探测器通过微波发射器发射微波能量，在探测范围内形成稳定的微波场，一旦有物体入侵到探测范围内，破坏了稳定的微波场，微波接收传感器接收到这一变化后，经过处理，输出报警信号。

（2）被动式探测器。探测器在工作时无须向探测范围内发射能量，而是通过检测被测物体自身存在的能量来形成稳定的信号。当有物体入侵时，稳定信号被破坏，传感器经过处理后输出报警信号，通过传输设备传输给报警主机。例如，被动红外探测器是利用热电传感器检测被测物体发射的红外线能量，当被测物体移动时，其表面温度与周围环境温度存在温度差，热电传感器检测到这个温度差，经过处理，输出报警信号。

3. 按警戒范围划分

按警戒范围划分可分为点控制式探测器、线控制式探测器、面控制式探测器和空间控制式探测器。

（1）点控制式探测器。其警戒范围可视为一个点，当这个点的警戒状态被破坏时，将会立即发出报警信号。例如，安装在门窗、保险柜开关上的磁开关探测器，当这一开关点的警戒状态被破坏时，便发出报警信号。

（2）线控制式探测器。其警戒范围为一条线，当这条线上任意一点的警戒状态被破坏时，将会立即发出报警信号。例如，主动红外探测器，其红外发射器发出一束红外光被接收器接收，当红外光被遮挡，接收器无法接收时，探测器就会发出报警信号。

（3）面控制式探测器。其警戒范围为一个面，当这个面上任意一点的警戒状态被破坏时，将会立即发出报警信号。例如，装在墙面上的振动探测器，当这个墙面的任何一点产生振动时就会发出报警信号。

（4）空间控制式探测器。其警戒范围是一个空间，当这个空间内的任意一处的警戒状态被破坏时，便会发出报警信号。例如，在微波探测器的警戒空间内，入侵者从门、窗户或者天花板的任意一处入侵其中，都会产生报警信号。

4. 按探测信号传输方式划分

按探测信号传输方式，探测器可分为有线探测器和无线探测器两类。有线传输探测器通过传输线缆来传输信号，传输线缆一般包括双绞线、多芯电缆等。无线传输探测器是通过空间电磁波来传输经过调制后的探测信号。

5. 按应用场合划分

按应用场合划分，探测器可划分为室内探测器和室外探测器两类。室外探测器又可分为周界探测器和建筑物外围探测器。周界探测器用于防范区域的周界警戒，常用的周界探测器有泄漏电缆探测器、电子围栏式周界探测器等。建筑物外围探测器用于防范区域内建筑物的外围警戒，常用的建筑物外围探测器有主动红外探测器、室外微波探测器、振动探测器等。

2.1.2 开关探测器

开关探测器将防范现场传感器的位置或工作状态的变化转换为控制电路通断的变化，并以此来触发报警。由于这种探测器的工作原理类似于电路开关，故称为开关探测器，属于点控制式探测器。常见的开关探测器有磁开关探测器、紧急报警开关等。

1. 磁开关探测器

磁开关探测器俗称磁开关，又称门磁开关，主要由开关部分和磁铁部分构成。开关部分主要是干簧管，是一个内部封装有两个带金属触点的簧片和惰性气体的玻璃管。磁铁部分主要是一个内部含有永久磁铁的永磁体，用于提供稳定的磁场。

磁开关有常开和常闭两种工作方式。常闭式磁开关示意图如图2-2所示。当磁铁接近干簧管时，管中两个带触点的簧片在磁场的作用下被吸合，即a、b两个触点接通。磁铁远离干簧管达到一定距离时，干簧管附近磁场消失或减弱，簧片依靠自身的弹性作用恢复到原位置，即a、b两个触点断开。

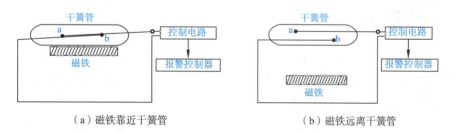

（a）磁铁靠近干簧管　　　　　　　　（b）磁铁远离干簧管

图2-2　常闭式磁开关示意图

磁开关在使用过程中，一般是把磁铁安装在被防范物体的活动部位，如门扇、窗扇上，干簧管安装在固定部位，如门框、窗框等。图2-3所示为无线门磁开关及其安装方式。磁铁与干簧管的位置需保持适当的距离，以保证门或窗关闭时，磁铁与干簧管接近，在磁场的作用下，干簧管触点闭合形成通路。当门或窗打开时，磁铁与干簧管远离，干簧管附近磁场消失，其触点断开，报警控制器产生断路报警信号。

磁开关探测器有一个重要的技术指标是探测间隙，即磁铁盒与开关盒相对移开至开关状态发生变化时的距离。磁开关按探测间隙可分为三类：A类大于20 mm；B类大于40 mm；C类大于60 mm。选择产品时应当选用接点释放、吸合自如，且控制距离较大的磁开关探测器，且要根据安装场所和部位进行选择。

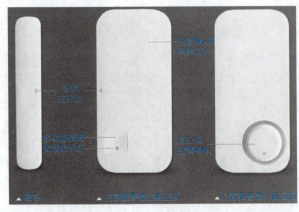

图2-3 无线门磁开关及其安装方式

磁开关探测器具有结构简单、价格低廉、抗腐蚀性好、触点寿命长、体积小、动作快、吸合功率小等诸多优点，因此在实际应用中常被采用。在安装和使用磁开关时应注意下列问题：

（1）开关盒应安装在被防范物体的固定部分，安装应稳固，避免在受到猛烈振动时开关盒破碎。

（2）普通磁开关不适用于金属门窗，因为金属易削弱磁场，缩短磁场寿命，而且磁能损失会导致系统误报警。

（3）报警控制的布线图应尽量保密，连线接点接触可靠。

（4）要经常注意检查永久磁铁的磁性是否减弱，否则会导致开关失灵。

（5）安装时要注意安装间隙，一般在木质门窗上使用时，开关盒与磁铁盒相距5 mm左右。在金属门窗上使用时，两者相距2 mm左右。安装在推拉式门窗上时，应在距拉手边150 mm处，若距拉手边过近，系统会出现误报警，过远便会出现漏报警现象。

2. 紧急报警开关

在银行、家庭、机关、工厂等各种场合出现入室抢劫、盗窃等危险情况或者其他紧急情况时，往往需要采用紧急报警开关进行人为的紧急报警。常用的紧急报警开关有按钮开关、脚挑开关或脚踏开关，西元展柜中展示了常用的按钮开关和脚踏开关，如图2-4所示。紧急报警开关发出的报警信号，可以根据需要选择有线或者无线方式发送。

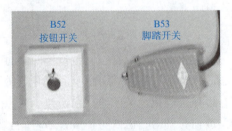

图2-4 紧急按钮开关和脚踏开关

按钮开关通常安装在隐蔽之处，按下按钮后，开关接通或断开，发出报警信号。图2-5所示为按钮开关及其工作原理图。一般探测器都有两种接线方式：一种是常闭方式，用NC表示（图中所示为常闭方式）；另一种是常开方式，用NO表示。这种开关安全可靠，不易被误按下，也不会因振动等因素发生误报警，解除报警时需人工复位。

单元2 入侵报警系统的常用器材和工具

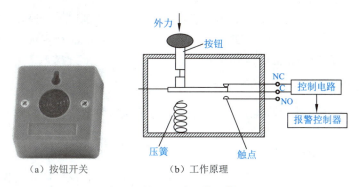

图2-5 按钮开关及其工作原理

在某些场合也可以使用脚挑开关或者脚踏开关，例如，在银行或储蓄所工作人员脚下隐蔽安装这类开关，一旦有不法分子进行抢劫，即可通过脚挑或者脚踏的方式进行报警。这种形式的开关一方面可以及时向保卫部门或者上一级报警中心发出报警信号，另一方面也不易被不法分子发现，有利于保护工作人员的人身安全。图2-6所示为脚踏开关及其工作原理。

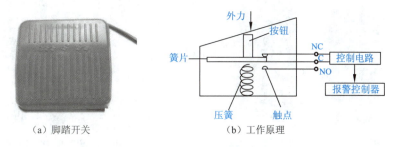

图2-6 脚踏开关及其工作原理

3. 微动开关

微动开关是一种依靠外部机械力的推动，实现电路通断的开关，如图2-7所示。外力通过按钮作用于动作簧片上，使其产生瞬间动作，簧片末端的动触点b、a与静触点d、c快速接通，整个回路处于闭合状态。外力移去后，动作簧片在压簧的作用下，迅速弹回原位，电路恢复a、b接通，d、c断开状态，整个回路断开，控制电路检测并发送信号给报警控制主机。

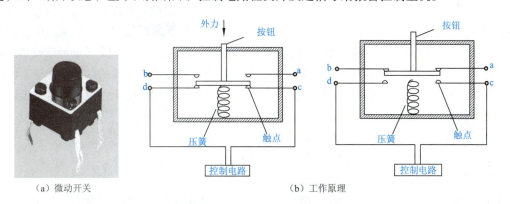

图2-7 微动开关及其工作原理

微动开关具有抗震性好，触点通过电流大的特点，但是其耐腐蚀性、动作灵敏度方面不如磁开关。微动开关可以安装在门框或者窗框的合页处，当门或者窗户被打开时，开关触点断开,通过电路启动报警装置发出报警信号。微动开关也可放在被保护物体的下面,如在展览台上,微动开关放在展品下面,展品的重力将其按钮按下,一旦展品被拿走,按钮弹出,控制电路发生通断变化,引起报警装置发出报警。

2.1.3 红外探测器

红外探测器是利用红外线的辐射和接收技术构成的报警装置。根据工作方式的不同,可以分为主动式红外探测器与被动式红外探测器两大类。

1. 主动式红外探测器

主动式红外探测器由红外发射器与红外接收器两部分组成,发射器向接收器发射一束或多束红外线,当红外线被阻挡遮断时,接收装置接收不到红外线即发出报警信号,因此它也称作遮挡式探测器或者对射式探测器。图2-8所示为两光束红外对射探测器,图2-9所示为红外对射光栅,图2-10所示为红外对射探测器的工作原理示意图。

图2-8 两光束红外对射探测器

图2-9 红外对射光栅

图2-10 红外对射探测器的工作原理示意图

主动红外探测器是线控制式探测器,一般应用在周界防范,最大的优点就是防范距离远,可达百米以上,而且灵敏度较高。同时,为了减少漏报或误报现象,接收端的响应时间往往被做成可调的,通常在50～500 ms的范围内调整。多光束探测器还可以设置完全被遮断或按给定百分比遮断红外光束报警。近来又运用了数字变频技术,即发射器与接收器的红外脉冲频率经过数字调制后是可变的,接收机只认定所选好的频率,这样可以有效地防止入侵者有目的地发射某种频率的红外光入侵防区,而使防区失去防范能力。

主动红外探测器的安装设计要点如下:

(1)红外光路中不能有阻挡物。

(2)注意探测器安装方位,严禁阳光直射入接收机透镜内。

(3)周界需由两组以上发射机组成时,宜选用不同的脉冲调制红外发射频率,以防止交叉干扰。

(4)正确选用探测器的环境适应性能,室内型探测器严禁用于室外。

(5)室外型探测器的最远警戒距离,应按其最大射束距离的1/6计算。例如,若红外探测器的最大射束距离为120 m，则其最远警戒距离不应大于20 m。

（6）室外应用要注意隐蔽安装。

（7）主动红外探测器不宜应用于气候恶劣，特别是经常有浓雾、毛毛雨的地域，以及环境脏乱或动物经常出没的场所。

图2-11所示为主动红外探测器的几种布置方式：单光路由一个发射器和一个接收器组成，如图2-11（a）所示，但要注意入侵者跳跃或者从下爬入从而产生漏报；双光路由两对发射器和接收器组成，如图2-11（b）所示，图中两对收、发装置的位置分别相对，是为了消除交叉误射；多光路构成警戒面，如图2-11（c）所示；反射单光路构成警戒区，如图2-11（d）所示。

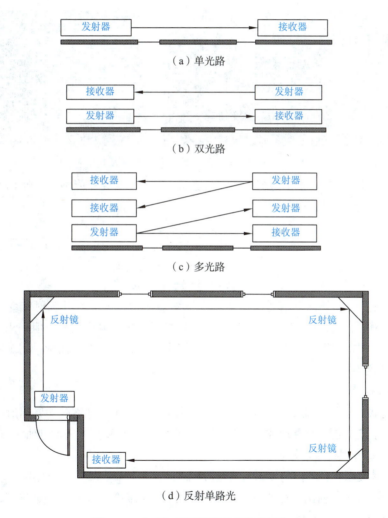

图2-11 主动红外探测器的几种布置方式

2. 被动式红外探测器

被动式红外探测器在工作时不向空间辐射能量，而是依靠接收物体辐射的红外线进行报警的。任何有温度的物体都在不断地向外界辐射红外线，人体的体表温度约为36 ℃，故大部分辐射能量集中在8～12 μm的波长范围内。图2-12所示为常见的被动红外探测器，图2-13所示为西元展柜中的红外探测器护罩及其机芯。

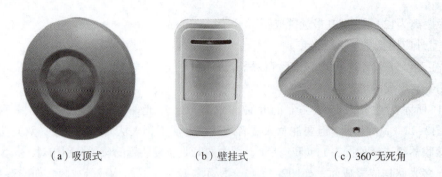

(a) 吸顶式　　　　　　(b) 壁挂式　　　　　　(c) 360°无死角

图2-12　常见的被动红外探测器

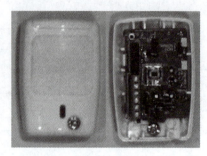

图2-13　西元展柜中的红外探测器护罩及其机芯

被动红外探测器主要由光学系统（菲涅尔透镜）、热释电红外传感器（PIR）、信号处理和报警电路组成，其组成框图如图2-14所示。

图2-14　被动红外探测器组成框图

目前用得最多的红外探测器是使用热释电探测器作为将人体红外辐射转变为电量的传感器。把人体红外辐射直接照射在探测器上也会引起温度变化而输出信号，但采用这种方式探测距离比较近，为了加长探测距离需要附加光学系统来收集红外辐射。通常采用塑料镀金属的光学反射系统，或用塑料做的菲涅尔透镜作为红外辐射的聚焦系统。

被动式红外探测器具有以下优点：

（1）被动式红外探测器属于空间控制式探测器，由于其本身不向外界辐射任何能量，因此，就隐蔽性而言，更优于主动式红外探测器。在室内光线稳定、红外能量比较恒定的情况下，这种探测方式表现得非常好。

（2）由于是被动式，不需要发射机与接收机之间严格校直，安装相对比较简单。

（3）与微波探测器相比，红外波长不能穿越由砖、水泥等建造的一般建筑物，在室内使用时不必担心由于室外的运动目标产生误报警。

（4）因为它是被动的，所以在较大面积的室内安装多个被动红外探测器时，不会产生系统互相干扰的问题。

（5）工作不受噪声与声音的影响，声音不会使它产生误报。

被动式红外探测器根据现场探测模式，可直接安装在墙上、顶棚上或墙角，其布置和安装原则如下：

（1）探测器对横向切割（即垂直于）探测区方向的人体运动最敏感，故布置时应尽量利用这个特性达到最佳效果。

（2）布置时要注意探测器的探测范围和水平视角，防止出现盲区。

（3）探测器不要对准加热器、空调出风口管道。警戒区内最好不要有空调或热源，如果无法避免热源，则应与热源至少保持1.5 m以上的间隔距离；警戒区内不要有高的遮挡物遮挡和电风扇叶片的干扰，也不要安装在强电处。

（4）选择安装墙面或墙角时，安装高度为2～4 m。

2.1.4 微波探测器

微波探测器是利用微波能量的辐射进行探测的探测器，按工作原理可分为微波移动探测器和微波阻挡探测器两种，一般用于监测室内目标。

1. 微波移动探测器

微波移动入侵探测器是利用频率为300～30 000 MHz（通常为10 000 MHz）的电磁波对运动目标产生的多普勒效应原理构成的探测器，因此又称为多普勒式微波探测器，或称雷达式微波探测器。所谓多普勒效应是指探头与探测目标有相对运动时，接收的反射波信号频率发生变化，探头所接收到的反射波与发射波之间的频率差称为多普勒频率。图2-15所示为微波移动探测器及其原理图。

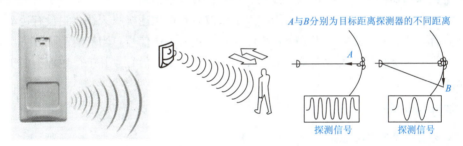

图2-15 微波移动探测器及其原理图

微波探头产生固定频率连续发射信号，当遇到运动目标时，由于多普勒效应，反射波频率发生变化，通过接收天线送入混频器产生差频信号，经放大处理后再传输至控制器。此差频信号即为报警信号，它触发控制电路发出报警。这种探测器对静止目标不起作用，不会产生多普勒效应，没有报警信号输出。

使用微波移动探测器需要注意以下几方面：

（1）探测器对警戒区内活动目标的探测是有一定范围的。其警戒范围为一个立体防范空间，其控制范围比较大，可以覆盖60°～90°的水平辐射角，控制面积可达几十到几百平方米。

（2）微波对非金属物质的穿透性具有两面性。有利的一面是可以利用微波探测器监控几个房间，同时还可外加修饰物进行伪装，便于隐蔽安装。不利的一面是，如果安装调整不当，墙外行走的人或马路上行驶的车辆以及窗外树木的晃动等都可能造成误报警。

为了解决这个问题，探测器应严禁对着被保护房间的外墙、外窗安装，同时在安装时应调整好微波探测器的控制范围和其指向性，通常是将报警探测器悬挂在高处，距地面1.5～2 m，探头稍微向下俯视，使其方向指向地面，并把探测器的探测覆盖区限定在所要保护的区域之内，这样可使因其穿透性能造成的不良影响减至最小。具体要求如下：

（1）探测器的探头不应对着可能活动的物体或部位，如门帘、窗帘、电风扇等，否则这些物体都可能会成为移动目标而引起误报。

（2）监控区域内不应有过大、过厚的物体，特别是金属物体，否则在这些物体的后面会产生探测的盲区。

（3）探测器不应对着大型金属物体或具有金属镀层的物体，如金属档案柜等，否则这些物体可能会将微波辐射能反射到外墙或者外窗的人行道或马路上。当有行人或车辆经过时，经它们反射回的微波信号又可能通过这些金属物体再次反射给探头，从而引起误报。

（4）探测器不应对准荧光灯、水银灯等气体放电灯光源。荧光灯直接产生的100 Hz的调制信号会引起误报，尤其是发生故障的闪烁荧光灯更易引起干扰，原因是在闪烁灯内的电离气体更易成为微波的运动发射体而造成误报警。

（5）探测器属于室内应用型探测器，由其工作原理可知，在室外应用时，无法保证其探测的可靠性。

（6）当在同一室内需安装两台以上的探测器时，它们之间的微波发射频率应当有所差异，一般相差25 MHz左右，而且不要相对放置以防止交叉干扰，发生误报警。

2. 微波阻挡探测器

微波阻挡探测器由微波发射机、微波接收机和信号处理器组成，使用时将发射天线和接收天线相对放置在监控场地的两端，发射天线发射微波束直接送达接收天线。当没有运动物体遮断微波波束时，微波能量被接收天线正常接收，发出正常工作信号。当有运动物体将微波波束遮断时，接收天线接收到的微波会减弱或消失，此时产生报警信号。其工作原理类似于主动式红外探测器。

2.1.5 其他探测器

1. 微波/红外双技术探测器

由于单一的探测方式容易发生误报，而两种探测技术的误报基本上相互抑制，且两者同时发生误报的概率又极小，所以误报率大幅下降。微波/红外双技术探测器便是一种典型的双技术探测器，也称为双鉴探测器，它把微波和被动红外两种探测技术结合起来，同时对人体的移动和体温进行探测并相互鉴定之后才发出报警信号。图2-16、图2-17所示为两种常见的双鉴探测器，图2-18所示为西元展柜中的双鉴探测器及其机芯。

图2-16　吸顶式双鉴探测器

图2-17　壁挂式双鉴探测器

图2-18　双鉴探测器及其机芯

2. 玻璃破碎探测器

玻璃破碎探测器是专门用来探测玻璃破碎功能的一种探测器，被入侵者打碎玻璃试图作案时，即可发出报警信号。图2-19所示为常见的几种玻璃破碎探测器。

图2-19 玻璃破碎探测器

玻璃破碎探测器按照工作原理不同大体可分为两类：一类是声控型的单技术玻璃破碎探测器；另一类是双技术玻璃破碎探测器。双技术玻璃破碎探测器又分为两种：一种是声控型与振动型组合在一起的双技术玻璃破碎探测器；另一种是同时探测次声波及玻璃破碎高频声响的双技术玻璃破碎探测器。玻璃破碎探测器的原理框图如图2-20所示。

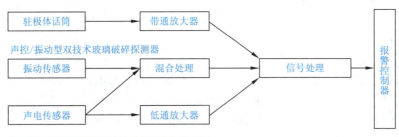

图2-20 玻璃破碎探测器原理框图

声控型单技术玻璃破碎探测器利用驻极体话筒作为接收声音信号的声电传感器，由于它可将防范区内所有频率的音频信号（10～15 kHz）都经过声电转换变为电信号，因此为了使探测器对玻璃破碎探测器的声响具有鉴别能力，通常增加一个带通放大器，对玻璃破碎时发出的高频声音信号进行放大，以便于识别。经过分析与实验表明：在玻璃破碎时发出的响亮而刺耳的声响中，所包括主要声音信号的频率处于10～15 kHz的高频段范围内，周围环境的噪声一般很少能达到这么高的频率。将带通放大器的带宽选在10～15 kHz的范围内，就可将玻璃破碎时产生的高频声音信号取出从而触发报警，但对人的走路、说话、雷雨声等却具有较强的抑制作用，可以降低误报率。

声控/振动型双技术玻璃破碎探测器是将声控探测与振动探测两种技术组合在一起，只有同时探测到玻璃破碎时发出的高频声音信号与敲击玻璃引起的振动时，才能输出报警信号。与前述的声控型单技术玻璃破碎探测器相比，它不会因周围环境中其他声响而发生误报警，可以有效地降低误报率，增加系统的可靠性，可全天候进行防范工作。

次声波/玻璃破碎高频声响双技术玻璃破碎探测器是目前较好的一种玻璃破碎探测器，是将次声波探测技术与玻璃破碎高频声响探测技术两种不同频率范围的探测技术组合在一起，只有同时探测到敲击玻璃产生的次声波与玻璃破碎发生的高频声音信号时，才可触发报警。它实际上是将弹性波检测技术与音频识别技术两种技术结合到一起来探测玻璃的破碎，一般当探测器探测到超低频的次声波后才开始进行音频识别。如果在一个特定时间内探测到玻璃的破碎音频，探测器才会发出报警信号。

3. 泄漏电缆探测器

泄漏电缆是一种特制的同轴电缆（见图2-21），其中心是铜导线，外面包围着聚乙烯等绝缘材料。绝缘材料外面用两层金属屏蔽层以螺旋方式交叉缠绕并留有孔隙，电缆最外面为聚乙烯保护层。当电缆传输电磁能量时，屏蔽层的空隙处便将部分电磁能量向外辐射。为了使电缆在一定长度范围内能够均匀地向空间泄漏能量，电缆空隙的尺寸大小是沿电缆变化的。图2-22所示为泄漏电缆产生的空间电磁场示意图。

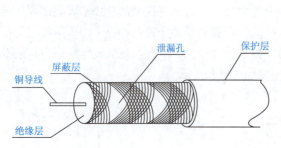

图2-21 泄漏电缆结构示意图

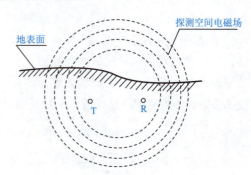

图2-22 泄漏电缆产生的空间电磁场示意图
T—发射电缆；R—接收电缆

把平行安装的两根泄漏电缆分别接到高强信号发生器和接收器上就组成了泄漏电缆探测器，如图2-23所示。泄漏电缆可埋入地下，当发生器产生的脉冲电磁能量沿发射电缆传输并通过泄漏孔向空间辐射时，在电缆周围形成空间电磁场，同时与发射电缆平行的接收电缆通过泄漏孔接收空间电磁能量并沿电缆送入接收器。入侵者进入探测区时，使空间电磁场的分布状态发生变化，进而接收电缆收到的电磁能量发生变化，这个变化量就是入侵信号，经过分析处理后可使报警器动作。泄漏电缆探测器可全天候工作，抗干扰能力强，误报、漏报率都较低，适用于高安保、长周界的安全防范场所。

 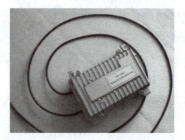

图2-23 泄漏电缆探测器

4. 振动传感电缆型探测器

这种探测器是在一根装有三芯导线的塑料护套电缆两端，分别接上发送装置和接收装置，并将电缆以波浪状或呈其他曲折形状固定在网状的围墙上，如图2-24所示。图2-25所示为实物现场图。用这样有一定长度的电缆构成一个防区，每2个或4个、6个防区共用一个多通道控制器，由控制器将各防区的报警信号传送至控制中心。安装时调节好报警强度，当有入侵者触动网状围墙、破坏网状围墙等行为使其振动并达到设置强度时，就会产生报警信号。这种探测器精度极高，漏报率为零，误报率也几乎为零，且全天候使用，不受气候的影响，特别适合围网状的周界围墙使用。

单元2 入侵报警系统的常用器材和工具

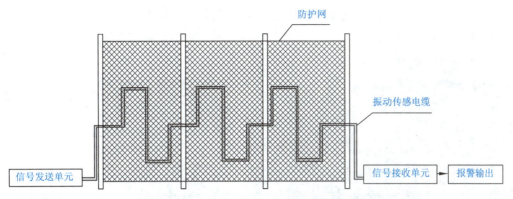

图2-24 振动传感电缆型入侵探测器安装示意图

图2-25 实物现场图

5. 电子围栏式探测器

电子围栏式探测器也是一种用于周界防范的探测器。它由脉冲电压发生器、报警信号检测器以及前端的电围栏组成，其系统原理框图如图2-26所示，图2-27所示为实物现场图。当有入侵者入侵时，触碰到前端的电子围栏或试图剪断前端的电子围栏，探测器都会发出报警信号。

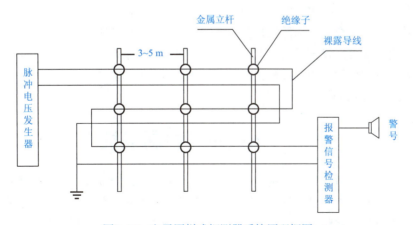

图2-26 电子围栏式探测器系统原理框图

这种探测器的电子围栏上安装有裸露导线，导线接通由脉冲电压发生器发出的高达5 000～10 000 V的脉冲电压，脉冲电压的作用时间短，频率低，能量很小，因此对人体

33

不会构成生命危害，但足以造成威慑效果。一旦有人接触到电子围栏，会造成电子围栏短路，电子围栏则会在1 s之内发出报警，同时电子围栏的电压会变为0，脉冲电压发生器会停止电压输出，不会对入侵者造成持续打击。

图2-27　实物现场图

电子围栏可有效减少误报和漏报，即使入侵者戴上绝缘手套，也会产生脉冲感应信号，使其报警。这种电子围栏如果使用在市区或来往人群多的场合，安装前应事先征得当地公安等部门的同意。

2.1.6　探测器的选用

在各种入侵报警系统中，根据不同的探测要求应该选择相应的探测器来达到探测报警的目的。探测器的选用依据可概括为以下几点：

（1）保护对象的防护级别。例如，对于保护对象特别重要的应设置多重防护。

（2）保护范围的大小。例如，小范围可采用感应式报警探测器或反射式红外报警探测器；要防止人从门窗进入，可采用电磁式报警探测器；大范围区域可采用遮挡式红外报警探测器等。

（3）防护对象的特点和性质。例如，主要用于防人进入某区域时，可采用微波探测器、被动红外探测器等，或者同时采用双技术的双鉴探测器。

没有入侵行为时发出的报警叫作误报。探测器的误报可能是由于元件故障或受到环境因素的影响而导致的。误报会大幅降低报警器的可信度，增加无效的现场介入，所以对于风险等级和防护级别较高的场合，报警系统必须采用多种不同探测技术来克服或减小由于某些意外情况或受环境因素的影响而发生的误报警，同时应加装音频和视频复核装置，当系统报警时，能及时对报警区域进行报警复核。

2.2　入侵报警控制主机

入侵报警控制主机也称报警控制器，系统基本结构如图2-28所示。各种探测器用来检测是否非法入侵，报警控制主机在收到报警信号后，按照程序设置执行报警的本地处理，如发出声光报警等，同时与报警监控中心实现联动，控制现场的灯光并记录报警事件和相应的视频图像，将相关的信息上传到报警监控中心，再由报警管理计算机在报警管理软件指挥下执行整个系统管理功能。

单元2　入侵报警系统的常用器材和工具

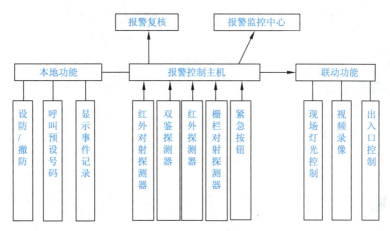

图2-28　入侵报警控制主机系统的基本结构

2.2.1　入侵报警控制器的功能要求

入侵报警控制器的功能要求如下：

（1）入侵报警控制器在接到报警电信号时应能及时发出声光报警并指示入侵发生的地点、时间。声光报警信号应能保持到手动复位，复位后，如果再有入侵报警信号输入时，应能重新发出声光报警信号。

（2）入侵报警控制器在接到系统故障电信号时应能及时发出与报警电信号不同的声光信号。

（3）入侵报警控制器应有防破坏功能，当连接探测器和控制器的传输线发生断路、短路或并接其他负载时应能发出显示系统故障的声、光报警信号。报警信号应能保持到引起报警的原因排除后，才能实现复位；而在该报警信号存在期间，如有其他入侵信号输入，仍能发出相应的报警信号。

（4）入侵报警控制器能对控制的系统进行自检，检查系统各部分的工作状态是否处于正常工作状态。

（5）入侵报警控制器应能向与该机接口的全部探测器提供直流工作电压。

（6）入侵报警控制器应有较宽的电源适应范围，当主电源电压变化±15%时，不需调整仍能正常工作。

（7）入侵报警控制器应有备用电源。当主电源断电时能自动转换到备用电源上，而当主电源恢复后又能自动转换到主电源上。转换时控制器仍能正常工作，不产生误报。

（8）备用电源应能满足系统要求，容量应保证在最大负载条件下连续工作24 h以上。

（9）入侵报警控制器应有较高的稳定性，在正常大气条件下连续工作7天，不出现误报、漏报。

（10）入侵报警控制器应在额定电压和额定负载电流下进行警戒、报警、复位，循环6 000次，而不允许出现电的或机械的故障，也不应有器件的损坏和触点粘连。

入侵报警控制器应能接收以下各种性能的报警输入：

（1）瞬时入侵：为入侵报警控制器提供瞬时入侵报警。

（2）紧急报警：接入紧急按钮可提供24 h的紧急呼救，不受布防/撤防操作影响，不受电源开关影响，能保证昼夜24 h工作。

（3）防拆报警：提供24 h防拆保护，不受电源开关影响，能保证昼夜工作。

（4）延时报警：实现0～40 s可调进入延迟和100 s固定外出延迟。

（5）四路以上的防盗报警器必须有前3种报警输入。

2.2.2 西元报警主机介绍

西元入侵报警系统实训装置上的报警主机箱内采用的是16防区报警控制主机，如图2-29所示。机箱内安装有漏电保护断路器，对电路或电气设备发生的短路、严重过载及欠电压等进行保护，漏电保护断路器旁边装有备用插座。同时为了用电安全，装有接地排与接零排，使设备可靠接地。由于从漏电保护断路器传输过来的电压为220 V，而报警主机需要的电压为16.5 V，因此机箱内部装有一个小型的降压变压器，将220 V的电压降为16.5 V，然后供给报警主机。

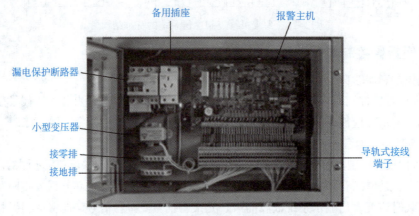

图2-29 西元入侵报警系统实训装置内的报警主机

为了防止学生实训过程中损坏报警主机电路板，西元公司采用导轨式接线端子，将报警主机上面的接线转移到外部接线端子，方便学生实训。西元入侵报警系统实训装置内的报警主机接线图如图2-30所示。每个防区回路的末端需要接2.2 kΩ的电阻，当所接探测器是常开型时，须并联，常闭型则串联，如图2-31所示。当防区回路不接探测器时，需将回路端接，防止回路处于断开状态，发生误报，如图2-32所示。

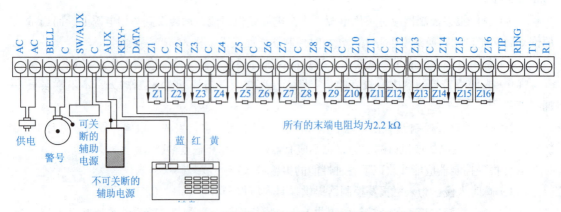

图2-30 西元入侵报警系统实训装置内的报警主机接线图

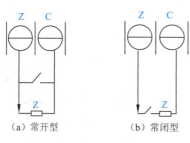
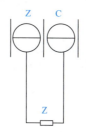

图2-31 末端电阻的两种接法　　图2-32 不接探测器时的防区回路端接

2.3 入侵报警系统传输线缆

传输设备在入侵报警系统中充当着重要的角色，无论是将前端探测器设备采集的信息传送到报警中心，还是由报警中心发出报警响应指令，以及各级设备之间的信息传输，都依赖于传输设备。传输设备及其相关接口的质量直接影响整个系统的运作效果。

在入侵报警系统中使用的线缆主要为多芯线电缆。线缆在信号传输过程中的有效性和可靠性，将直接影响系统的工作性能，因此对这些线缆的充分了解和学习是必不可少的。

1. 导线的材料

常温下导电性能最好的依次是银、铜、金、铝（见表2-1），这几种材料最常用于做电线、电缆的导体，其中铜用得最广泛。由于铝密度小，取材广泛，且价格比铜便宜，被广泛用于电力系统的架空输电线路。为解决铝材刚性不足的缺陷，一般采用钢芯铝绞线，即铝绞线内部包有一根钢线，以提高强度。银导电性能最好，但由于成本高很少被采用，只有在高要求场合才被使用，如精密仪器、高频振荡器、航天仪器等。在某些场合仪器上的触点也有用金的，因为金的化学性质稳定。

表2-1 常见金属材料的电阻率

金属种类	材料电阻率/($\Omega \cdot m$)	金属种类	材料电阻率/($\Omega \cdot m$)
银	1.65×10^{-8}	铝	2.83×10^{-8}
铜	1.75×10^{-8}	铁	9.78×10^{-8}
金	2.4×10^{-8}	锰铜	4.4×10^{-7}

2. 线缆的选择

合理选择线缆的导体截面，应能达到安全运行，降低电能损耗，减少运行费用的效果。导体截面的选择可由安全载流量、线路电压降、机械强度、与熔体额定电流或开关整定值相配合等四方面加以确定。

导体截面的选择原则：导体截面的选择按允许载流量、经济电流密度选择，按机械强度、允许电压损失校验，同时，满足短路稳定度的条件。

导体线径一般按如下公式计算：

铜线：$S = IL / 54.4U'$

铝线：$S = IL / 34U'$

式中　I——导体中通过的最大电流，A；
　　　L——导体的长度，m；

U'——允许的电压降，V；

S——导体的截面积，mm^2。

作为电工技术人员，在线路的设计和安装过程中，首先都需要查找电工手册和有关书籍，通过计算确定负荷电流后进行查表得出导体的截面积，由于电线、电缆的安全载流量是很难记忆的。铜线和铝线又不一样，不同的环境温度，穿管与不穿管电线、电缆的安全载流量不一致，有时查电工手册和书籍的方法很难提高工作效率。经过实践证明，留有一定裕量的"口诀法"给电工技术人员带来了方便。实践证明，这种方法是绝对安全、可靠的。导体安全载流量计算口诀如下：

10下五，100上二；25，35，四三界；70，95，两倍半；穿管温度，八九折；裸线加一半；铜线升级算。具体读法如下：

"十下五，百上二；二五，三五，四三界；七十，九五，两倍半；穿管温度，八九折；裸线加一半；铜线升级算"。

口诀中，数字部分代表导体截面积，汉字部分代表允许通过的最大电流。

（1）10下五：铝导体截面积≤10 mm^2时，每平方毫米允许通过的最大电流为5 A。

（2）100上二：铝导体截面积≥100 mm^2时，每平方毫米允许通过的最大电流为2 A。

（3）25，35，四三界：当铝导体截面积≥10 mm^2且≤25 mm^2时，每平方毫米允许通过的最大电流为4 A；当铝导体截面积≥35 mm^2且≤70 mm^2时，每平方毫米允许通过的最大电流为3 A。

（4）70，95，两倍半：当铝导体截面积≥70 mm^2且≤95 mm^2时，每平方毫米允许通过的最大电流为2.5 A。

（5）穿管温度，八九折：若穿管敷设应打8折；若环境温度≥35 ℃，应打9折。

（6）裸线加一半：裸线允许通过的电流要提高50%。

（7）铜线升级算：铜导体的允许最大电流与较大一级的铝导体的允许最大电流相等，例如，1.5 mm^2的铜导体相当于2.5 mm^2的铝导体的截流量，2.5 mm^2的铜导体相当于4 mm^2的铝导体的截流量，依此类推。

3. 电线、电缆的规格

电线、电缆一般在导体外面都包裹有绝缘层或者护套，单根一般称为电线，多根电线组成电缆。电线、电缆按照线芯和护套的类型可以分多种，下面介绍电线、电缆的分类和规格。

（1）电线、电缆型号的表示方法：电线、电缆型号一般用图2-33所示的字符串格式表示，第一位为分类及用途代号，第二位为绝缘代号，第三位为护套代号，无护套时省略第三位，第四位为派生代号，无派生代号时省略第四位。

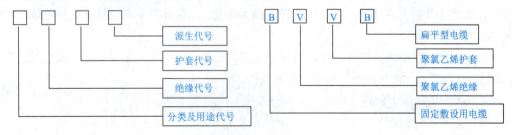

图2-33 电线、电缆的型号

（2）电线电缆型号中各字母的含义：

① 按用途分：固定敷设用电缆——B；连接用软电缆——R；电梯电缆——T；室内装饰照

明用电缆——S；安装用电缆——A。

② 按照材料特性分：铜导体——T，通常省略铝导体——L；铜皮铝导体——TP；聚氯乙烯绝缘——V；聚氯乙烯护套——V；聚乙烯绝缘——Y；护套耐油聚氯乙烯——VY。

③ 按照结构特征分：圆形——通常省略；扁平型——B；双绞型——S；屏蔽型——P；软结构——R。

④ 按耐热特征分：70 ℃——省略；90 ℃——90。

（3）常用的电线电缆：

① RV电线：表示铜导体聚氯乙烯绝缘软电线，是一种由多股铜导体和聚氯乙烯绝缘层组成的软电线，如图2-34所示。

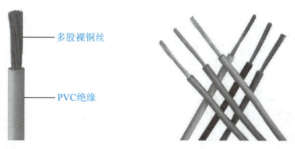

图2-34　RV电线

RV电线在工业配电领域有着广泛的应用，尤其适合要求较为严格的柔性安装场所，如电控柜、配电箱及各种低压电气设备，可用于电力、电气控制信号及开关信号的传输。

RV电线采用软结构的设计，导体弯曲半径较小，且适用于潮湿多油的安装场所。

RV电线的标准截面积有0.50 mm^2、0.75 mm^2、1.0 mm^2、1.5 mm^2、2.5 mm^2、4.0 mm^2、6.0 mm^{2}等，见表2-2。

表2-2　常用RV型电线产品规格表

电压等级/V	截面积/mm^2	产品规格 线数/（线径/mm）	产品结构		
			导体直径/mm	绝缘厚度/mm	标称外径/mm
300/500	0.5	28/0.15	1.01	0.6	2.16
300/500	0.75	42/0.15	1.26	0.6	2.40
300/500	1.0	32/0.20	1.41	0.6	2.54
300/500	1.5	48/0.20	1.71	0.7	3.00
300/500	2.5	55/0.24	2.09	0.8	3.69
300/500	4.0	65/0.28	2.80	0.8	4.40
300/500	6.0	84/0.30	3.21	0.8	4.81

② RVV电缆：表示铜导体聚氯乙烯绝缘护套软电缆，RVV电缆也是由两根以上的聚氯乙烯绝缘电线增加聚氯乙烯外护套组成的软电缆，如图2-35所示。

RVV电缆主要应用于电器、仪表和电子设备及自动化装置等电源线、信号控制线，例如用于防盗报警系统、楼宇对讲系统以及仪器、仪表、监视监控的控制等。

RVV电缆是弱电系统最常用的电缆，其芯线根数不定，两根或以上，外面有绝缘护套，芯数从2芯到24芯之间按国标分色，多芯绞合成缆，外层绞合方向为右向。

RVV电缆的标准截面积有0.50 mm^2、0.75 mm^2、1.0 mm^2、1.5 mm^{2}等，见表2-3。

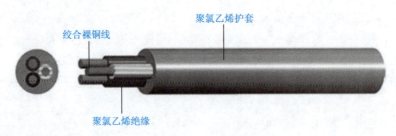

图2-35 RVV电缆

表2-3 常用RV V2芯软电缆产品规格表

电压等级/V	截面积/mm²	产品规格 线数/（线径/mm）	产品结构 导体直径/mm	绝缘外径/mm	标称外径/mm
300/500	0.5	2×28/0.15	1.01	2.01	3.21×5.22
300/500	0.75	2×42/0.15	1.26	2.26	3.46×5.72
300/500	1.0	2×32/0.20	1.4	2.81	4.4×7.2
300/500	1.5	2×48/0.20	1.71	3.11	4.7×7.8

③ BV电线：表示单芯铜导体聚氯乙烯绝缘电线，是一种由单根导体和聚氯乙烯绝缘层组成的硬电线，如图2-36所示。

图2-36 BV电线

BV电线适用于各种直流、交流电压450 V/750 V及以下线路使用。

BV电线的线芯导体硬度比软线硬，由单根导体外面包裹着一层聚氯乙烯绝缘层组成。

BV电线的标准截面积有1.5 mm²、2.5 mm²、4.0 mm²、6.0 mm²等，见表2-4。

表2-4 常用BV电线产品规格表

电压等级/V	截面积/mm²	产品规格 线径/mm	产品结构 绝缘厚度规定值/mm	平均外径上限/mm
450/750	1.5	1.38	0.7	3.3
450/750	2.5	1.78	0.8	3.9
450/750	4	2.25	0.8	4.4
450/750	6	2.76	0.8	4.9

④ BVV电缆：表示铜导体聚氯乙烯绝缘聚氯乙烯护套电缆，又称轻型聚氯乙烯护套电缆，俗称硬护套线，是护套线的一种，如图2-37所示。

BVV硬护套线适用于交流电压450 V/750 V及以下动力装置、日用电器、仪表及电信设备用的电缆电线，线芯长期允许工作温度不超过65 ℃，同时还用于明装电线。

BVV与BV线的区别就是BVV比BV多一层护套。一个护套内通常包裹着多根电线。

BVV电缆的标准截面积有0.75 mm²、1.0 mm²、1.5 mm²、2.5 mm²、4 mm²、6 mm²、10 mm²缆七种规格，见表2-5。

单元2　入侵报警系统的常用器材和工具

图2-37　BVV电缆

表2-5　常用BVV线

电压等级/V	标称截面积/mm²	产品规格 芯×根/（线径/mm）	产品结构	
			外径下限/mm	外径上限/mm
300/500	1×0.75	1×1/0.97	3.6	4.3
300/500	1×1.0	1×1/1.13	3.8	4.5
300/500	1×1.5	1×1/1.38	4.2	4.9
300/500	1×2.5	1×1/1.78	4.8	5.8
300/500	1×6	1×1/2.76	5.8	7.0
300/500	1×10	1×7/1.35	7.2	8.8
300/500	2×1.5	2×1/1.38	8.4	9.8
300/500	2×2.5	2×1/1.78	9.6	11.5
300/500	2×4	2×1/2.25	10.5	12.5
300/500	2×6	2×1/2.76	11.5	13.5

4．电线电缆的色标

相线L、中性线N和保护零线PE应采用不同颜色的线缆。相关规定见表2-6。

表2-6　相线L、中性线N和保护零线PE颜色

类　别	颜色标志	线　别	备　注
一般用途电线、电缆	黄色	相线L1	U相
	绿色	相线L2	V相
	红色	相线L3	W相
	浅蓝色	零线或中性线N	
保护接地（接零） 中性线（保护零线）	绿/黄双色	保护接地PE 中性线（保护零线）N	颜色组合 3∶7
二芯（供单相电源用）	红色	相线L3	
	浅蓝色	中性线	
三芯（供单相电源用）	红色	相线L3	
	浅蓝色	中性线N	
	绿/黄双色	保护零线PE	
三芯（供三相电源用）	黄色、绿色、红色	相线L1、L2、L3	无零线
四芯（供三相四线制用）	黄色、绿色、红色	相线L1、L2、L3	
	浅蓝色	中性线N	

41

2.4 入侵报警系统工程的常用工具

入侵报警系统工程涉及计算机网络技术、通信技术、综合布线技术、电工电子技术等多个领域，在实际安装施工和维护中，需要使用大量的专业工具。在当代"工具就是生产力"，没有专业的工具和正确熟练的使用方法和技巧，就无法保证工程质量和效率，为了提供工作效率和保证工程质量，也为了教学实训方便和快捷，西元公司总结了多年入侵报警系统工程实践经验，专门设计了入侵报警系统工程安装和维护专用工具箱，如图2-38所示。下面以西元智能化系统工具箱为例，介绍入侵报警系统工程常用的工具规格和使用方法。

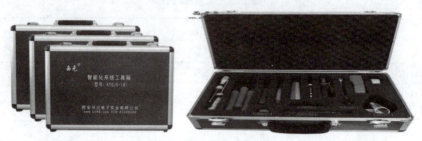

图2-38 西元智能化系统工具箱

西元智能化系统工具箱中配置了入侵报警系统常用的工具，见表2-7。

表2-7 入侵报警系统常用的工具

序 号	名 称	数 量	用 途
1	数字万用表	1台	用于测量电压、电流、电阻等
2	电烙铁	1把	用于焊接电路板、接头等
3	带焊锡盒的烙铁架	1个	用于存放电烙铁和焊锡
4	焊锡丝	1卷	用于焊接
5	PVC绝缘胶带	1卷	用于电线接头绝缘和绑扎
6	多用剪	1把	用于裁剪
7	RJ-45网络压线钳	1把	用于压接RJ-45水晶头
8	单口打线钳	1把	用于压接网络和通信模块
9	测电笔	1把	用于测量电压等
10	数显测电笔	1把	用于测量电压等
11	镊子	1把	用于夹持小物件
12	旋转剥线器	1把	用于剥除网络线外皮
13	专业级剥线钳	1把	用于剥除电线外皮
14	电工快速冷压钳	3把	用于压接各种电工冷压端子
15	4.5英寸尖嘴钳	1把	用于夹持小物件
16	4.5英寸斜口钳	1把	用于剪断缆线
17	钢丝钳	1把	用于夹持大物件、剪断电线等
18	活扳手	1把	用于固定螺母
19	钢卷尺	1把	用于测量长度
20	十字螺丝刀	1把	用于安装十字头螺钉
21	一字螺丝刀	1把	用于安装一字头螺钉
22	十字微型电动螺丝刀	1把	用于安装微型十字头螺钉
23	一字微型电动螺丝刀	1把	用于安装微型一字头螺钉

2.4.1 万用表

万用表是一种多功能、多量程的便携式仪表,是视频监控系统工程布线和安装维护不可缺少的检测仪表。一般万用表主要用以测量电子元器件或电路内的电压、电阻、电流等数据,方便对电子元器件和电路的分析诊断。最常见的万用表主要有模拟万用表和数字万用表,如图2-39、图2-40所示。

现在人们大多数使用的都是数字万用表,数字万用表不仅可以测量直流电压、交流电压、直流电流、交流电流、电阻、二极管正向压降、晶体管发射极电流放大系数,还能测电容量、电导、温度、频率,并增加了用以检查线路通断的蜂鸣器挡、低功率法测电阻挡。有的仪表还具有电感挡、信号挡、AC/DC自动转换功能,电容挡自动转换量程功能。新型数字万用表大多还增加了一些新颖实用的测试功能,如读数保持、逻辑测试、真有效值、相对值测量、自动关机等,如图2-41所示。

图2-39　模拟万用表

图2-40　数字万用表

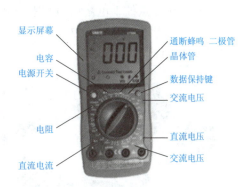
图2-41　新型数字万用表

在使用万用表时,应根据测量对象不同,合理地选择对应的表笔插孔,如图2-42所示。数字万用表的简要使用方法如下:

(1)交直流电压的测量:根据需要将量程开关拨至DCV(直流)或ACV(交流)的合适量程,红表笔插入V/Ω孔,黑表笔插入COM孔,并将表笔与被测线路并联,读数即显示,如图2-43所示。

图2-42　选择表笔插孔

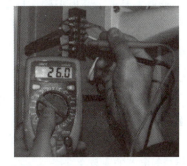
图2-43　选择挡位、测量电压

(2)交直流电流的测量:将量程开关拨至DCA(直流)或ACA(交流)的合适量程,红表笔插入mA孔(<200 mA时)或10 A孔(>200 mA时),黑表笔插入COM孔,并将万用表串联在被测电路中即可。测量直流量时,数字万用表能自动显示极性。

(3)电阻的测量:将量程开关拨至"Ω"的合适量程,红表笔插入V/Ω孔,黑表笔插入COM孔。如果被测电阻值超出所选择量程的最大值,万用表将显示"1",这时应选择更高的量程。测量电阻时,红表笔为正极,黑表笔为负极。因此,测量晶体管、电解电容器等有极性的元器件时,也必须注意表笔的极性。

2.4.2 电烙铁、烙铁架和焊锡丝

电烙铁(见图2-44)用于焊接电子元件和导线,因为其工作时温度较高,容易烧坏所接触到的物体,所以一般使用中应放置在烙铁架上,而焊锡丝是电子焊接作业中的主要消耗材料。电子焊接的原理就是用电烙铁熔化焊锡使其与电子元件或导线充分结合以达到稳定的电气连接的目的。

电烙铁在使用中一定要严格遵守使用方法。首先将电烙铁放置在烙铁架上,接通电源等待10~20 min使其充分加热。烙铁头温度足够时,取一节焊锡接触烙铁头,使烙铁头表面均匀地镀一层焊锡。通常使用的一般是有松香芯的焊锡丝,这种焊锡丝熔点较低,而且内含松香助焊剂,可直接进行焊接。焊接时应固定元件或导线,右手持电烙铁,左手持焊锡丝,将烙铁头紧贴在焊点处,电烙铁与水平面大约成60°角,用焊锡丝接触焊点并适当使其熔化一些,烙铁头在焊点处停留2~3 s,抬开烙铁头,并保证元件或导线不动。图5-45所示为用电烙铁焊接电路板。

图2-44 电烙铁

图2-45 电烙铁焊接电路板

注意: 电烙铁在通电使用时烙铁头的温度可达300 ℃,应小心使用以免人员烫伤或烧毁其他物品,焊接完成应将电烙铁放置于烙铁架上,不能随便乱放。每次使用时应检查烙铁头是否氧化,若氧化严重,可用小锉或砂纸打磨烙铁头使其露出金属光泽后重新镀锡。电烙铁使用完毕后应及时拔掉电源,待其充分冷却后放回工具箱,不可在电烙铁还处于高温时将其放回。

2.4.3 尖嘴钳和剥线钳

1. 尖嘴钳

尖嘴钳又称修口钳、尖头钳,电工中使用的尖嘴钳,一般为加强绝缘尖嘴钳。耐电压1 000 V,尖嘴钳头部尖细,适用于狭小工作空间夹持小零件。主要用于仪表、电信器材等电器的安装及维修等,如图2-46所示。

图2-46 尖嘴钳

注意: 在带电使用时应禁止用手触碰金属部分,正确握法如图2-47所示。

2. 剥线钳

专业级剥线钳(见图2-48)主要用于剥开较细的线缆的绝缘层,剥线钳有不同大小的豁口以方便剥开不同直径的线缆。

单元2 入侵报警系统的常用器材和工具

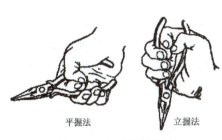

图2-47 尖嘴钳的握法

图2-48 专业级剥线钳

2.4.4 螺丝刀

螺丝刀是紧固或拆卸螺钉的工具,是电工必备的工具之一,如图2-49所示。螺丝刀的种类和规格有很多,按头部形状的不同主要可分为一字、十字两种。在电工应用中应当注意手不能碰触螺丝刀的金属部位,以免发生触电事故;应当选择与螺钉尾槽的尺寸和形状匹配的螺丝刀。

GB 3883.2—2012《手持式电动工具的安全 第2部分:螺丝刀和冲击扳手的专用要求》中规定,对Ⅰ类螺丝刀使用时泄漏电流不得超过2 mA,Ⅱ类不超过5 mA。

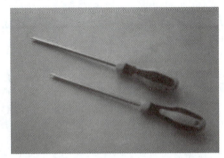

图2-49 螺丝刀

2.4.5 压线钳

压线钳主要是在不加热的情况下,对接线端子与导线接头施以强力冷压接,如图2-50所示。压线钳种类繁多,分别适用于不同冷压端子的压接。

下面介绍结构不同的3种压线钳,如图2-51、图2-52所示。注意3种钳头部分的压槽不同。

(1)C型压线钳:主要用以压接冷压型BNC接头。

(2)N型压线钳:主要用以压接非绝缘冷压端子。

(3)W型压线钳:主要用以压接绝缘冷压端子。

图2-50 压线钳图

图2-51 电工快速冷压钳

(a)C型

(b)N型

(c)W型

图2-52 C型、N型和W型冷压钳

2.4.6 试电笔

试电笔也叫测电笔,简称"电笔",是电工的必需品,用于测量物体是否带电。笔体中有一氖泡,测试时如果氖泡发光,说明导线有电。试电笔中笔尖、笔尾由金属材料制成,笔杆由绝缘材料制成。使用电笔时,一定要用手触及试电笔尾端的金属部分,否则,因带电体、试电笔、人体与大地没有形成回路,试电笔中的氖泡不会发光,造成误判,认为带电体不带电。

1. 试电笔的种类

(1)螺丝刀式试电笔:形状像一字螺丝刀,既可以用作试电笔,也可以用作一字螺丝刀,如图2-53所示。

图2-53 螺丝刀式试电笔

(2)感应式试电笔:采用感应式测试,无须物理接触,可检查控制线、导体和插座上的电压或沿导线检查断路位置。因此,极大地保障了维护人员的人身安全,如图2-54所示。

图2-54 感应式试电笔

(3)数显式试电笔,笔体带有LED显示屏,可以直观地读取测试电压数字,如图2-55所示。

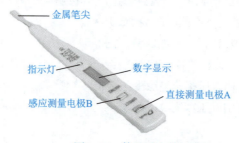

图2-55 数显试电笔

2. 试电笔的操作

这里主要讲解常用的数显式试电笔的使用方法。

(1)按钮说明:A键(DIRECT),直接测量按键,即直接接触线路时按此按钮;B键(INDUCTANCE),感应测量按键,即感应接触线路时,按此按钮。

(2)电压检测:常用测电笔一般适用于直接检测12~250 V的交/直流电电压和间接检测交流电的中性线、相线和断点。还可测量不带电导体的通断。轻触A键,测电笔金属前端接触被检测物,测电笔分12 V、36 V、55 V、110 V和220 V五段电压值,液晶显示屏显示的最后数值为所测电压值。无接地的直流电测量时,手应触摸另一电极。

(3)感应检测:轻触B键,测电笔金属前端靠近被检测物,若显示屏出现"高压符号"表示物体带交流电。测量断开的电线时,轻触B键,测电笔金属前端靠近该电线的绝缘外层,有断线现象,在断点处"高压符号"消失。利用此功能可方便地分辨中性线、相线泄漏情况等。

电笔的握法如图2-56所示。

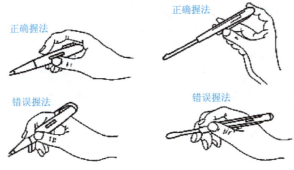

图2-56 电笔的握法

2.4.7 电工微型螺丝刀

电工微型螺丝刀也分一字和十字两种，这种螺丝刀的刀头没有磁性，专用于拆装电子元件上的螺钉或其他小型螺钉，如图2-57所示。

2.4.8 钢卷尺

钢卷尺（见图2-58）主要用以测量长度，量取线缆，测量设备距离等，钢卷尺尺身非常锋利，使用时注意不要用手直接捏持尺身两侧。

图2-57 电工微型螺丝刀

图2-58 钢卷尺

习　　题

一、填空题（10题，每题2分，合计20分）

1. 按工作方式划分，探测器可分为_____探测器和_____探测器。（参考2.1.1知识点）

2. 按警戒范围划分，探测器可分为_____探测器、线控制式探测器、_____探测器和空间控制式探测器。（参考2.1.1知识点）

3. 按探测信号传输方式划分，探测器可分为_____探测器和_____探测器。（参考2.1.1知识点）

4. 按应用场合划分，探测器可划分为_____探测器和_____探测器。（参考2.1.1知识点）

5. 常见的开关探测器有_____、_____等。（参考2.1.2知识点）

6. 红外探测器是利用_____技术构成的报警装置。（参考2.1.3知识点）

7. 微波探测器是利用_____进行探测的探测器。（参考2.1.4知识点）

8. 微波/红外双技术探测器又称双鉴探测器，它把_____和_____两种探测技术结合起来，同时对人体的移动和体温进行探测并相互鉴定之后才发出报警信号。（参考2.1.5知识点）

9. 玻璃破碎探测器是专门用来探测_____的一种探测器，当入侵者打碎玻璃试图作案时，即可发出报警信号。（参考2.1.5知识点）

10. 电子围栏式探测器也是一种用于_____的探测器。它由_____、_____以及前端的电围栏组成。（参考2.1.5知识点）

二、选择题（10题，每题3分，合计30分）

1. 入侵报警探测器的种类繁多，通常按照传感器的类型、（　　）等标准来划分。（参考2.1.1知识点）

   A. 工作方式　　　B. 警戒范围　　　C. 探测信号传输方式　　　D. 应用场合

2. （　　）探测器在工作时向探测范围内发出某种能量，（　　）探测器在工作时不需向探测范围内发射能量。（参考2.1.1知识点）

   A. 主动式　　　B. 有线　　　C. 被动式　　　D. 无线

3. 磁开关探测器属于（　　），主动红外探测器属于（　　），振动探测器属于（　　），微波探测器属于（　　）。（参考2.1.1知识点）

   A. 点控制式探测器　　　　　　B. 线控制式探测器
   C. 面控制式探测器　　　　　　D. 空间控制式探测器

4. 磁开关探测器俗称磁开关，又称门磁开关，主要由（　　）和（　　）构成。（参考2.1.1知识点）

   A. 开关部分　　　B. 感应机构　　　C. 磁铁部分　　　D. 执行机构

5. 磁开关一般在木质门窗上使用时，开关盒与磁铁盒相距（　　）左右，金属门窗上使用时，两者相距（　　）左右。（参考2.1.2知识点）

   A. 5 mm　　　B. 4 mm　　　C. 3 mm　　　D. 2 mm

6. 一般探测器都有两种接线方式：一种是（　　）方式，用NC表示；另一种是（　　）方式，用NO表示。（参考2.1.2知识点）

   A. 常开　　　B. 总线　　　C. 常闭　　　D. 分线

7. 主动式红外探测器由（　　）与（　　）两部分组成。（参考2.1.3知识点）

   A. 红外发射器　　　B. 感应机构　　　C. 红外接收器　　　D. 执行机构

8. 被动式红外探测器主要由（　　）组成。（参考2.1.3知识点）

   A. 光学系统　　　　　　　　　B. 热释电红外传感器
   C. 信号处理　　　　　　　　　D. 报警电路

9. 微波探测器按工作原理可分为微波移动探测器和（　　）两种，一般用于监测（　　）目标。（参考2.1.4知识点）

   A. 微波静止探测器　　　　　　B. 微波阻挡探测器
   C. 室内　　　　　　　　　　　D. 室外

10. （　　）电线表示铜导体聚氯乙烯绝缘软电线，（　　）电线表示单芯铜导体聚氯乙烯绝缘硬电线。（参考2.3知识点）

    A. RV　　　B. RVV　　　C. BV　　　D. BVV

三、简答题（5题，每题10分，合计50分）

1. 简述安装和使用磁开关的注意事项。（参考2.1.2知识点）
2. 简述主动红外探测器的安装设计要点。（参考2.1.3知识点）
3. 简述被动式红外探测器布置和安装原则。（参考2.1.3知识点）
4. 简述使用微波移动探测器的注意事项。（参考2.1.4知识点）
5. 简述探测器的选用依据。（参考2.1.6知识点）

互动练习3　开关探测器工作原理

专业_____　　姓名_____　　学号_____　　成绩_____

1. 磁开关探测器

磁开关有常开和常闭两种工作方式。以常闭式为例,当磁铁接近干簧管时,管中两个带触点的簧片在磁场的作用下被吸合,即两个触点接通。磁铁远离干簧管达到一定距离时,干簧管附近磁场消失或减弱,簧片依靠自身的弹性作用恢复到原位置,即两个触点断开。请绘制常闭式磁开关工作示意图。

常闭式磁开关工作示意图

2. 紧急报警开关

按钮开关通常安装在隐蔽之处,按下按钮后,开关接通或断开,发出报警信号。一般探测器都有两种接线方式,一种是常闭方式,用NC表示,另一种是常开方式,用NO表示。请绘制紧急手动按钮开关和脚踏开关工作原理图。

紧急手动按钮开关工作原理图　　　脚踏开关工作原理图

3. 微动开关

微动开关是一种依靠外部机械力的推动,实现电路通断的开关,外力通过按钮作用于动作簧片上,使其产生瞬间动作,控制电路检测并发送信号给报警控制主机。请绘制微动开关工作原理框图。

微动开关工作原理框图

互动练习4 主动式红外探测器工作原理与布置方式

专业_____   姓名_____   学号_____   成绩_____

1. 主动式红外探测器工作原理

主动式红外探测器由红外发射器与红外接收器两部分组成，发射器向接收器发射一束或多束红外线，当红外线被阻挡遮断时，接收装置接收不到红外线即发出报警信号，因此它又称遮挡式探测器或者对射式探测器。请绘制红外对射探测器的工作原理示意图。

红外对射探测器的工作原理示意图

2. 主动式红外探测器布置方式

主动式红外探测器的布置方式包括单光路、双光路、多光路和反射单路光。请绘制主动式红外探测器的布置方式示意图。

单光路布置方式示意图

双光路布置方式示意图

多光路布置方式示意图

反射单路光布置方式示意图

单元2　入侵报警系统的常用器材和工具

实训3　电线电缆冷压接训练

1. **实训任务来源**

电线电缆是入侵报警系统常用的传输线缆，如果电线电缆冷压接不规范，将直接导致入侵报警系统信号不能传输，同时给日后的系统维护与检查带来很多麻烦。

2. **实训任务**

每人独立完成24根不同线型电线电缆的冷压接，并测试通过。

3. **技术知识点**

（1）电线电缆的规格型号，RV电线指软电线，BV电线指硬电线。

（2）针对冷压端子，应选用不同的专用冷压钳压接。

4. **关键技能**

（1）利用剥线钳剥线时注意选择合理的剥线豁口，不要损伤线芯。

（2）利用压线钳进行压线时，注意要压接可靠牢固。

（3）利用螺丝刀进行线缆与端子连接时，注意端接可靠牢固。

（4）掌握剥线钳、冷压钳的正确使用方法。

5. **实训课时**

（1）本实训共计2课时，其中技术讲解和视频演示20 min，学员实际操作50 min，测试与评判10 min，实训总结、整理清洁现场10 min。

（2）课后作业2课时，独立完成实训报告，提交合格实训报告。

6. **实训指导视频**

978-7-113-28652-1-实训3《电线电缆冷压接实训》（1分25秒）

视　频

电线电缆冷压接实训

7. **实训设备**

"西元"智能报警系统实训装置，产品型号：KYZNH-02-2。

本实训装置专门为满足入侵报警系统的工程设计、安装调试等技能培训需求开发，配置有电工压接实训装置、电工电子端接实训装置等端接基本技能训练设备，特别适合学生认知和技术技能实操训练，能够在真实的应用环境中进行工程安装实践，理实合一。

图2-59所示为西元电工压接实训装置。

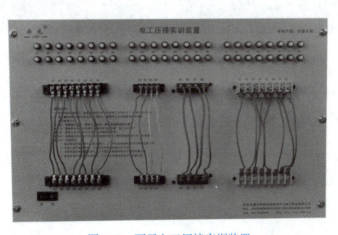

图2-59　西元电工压接实训装置

本装置特别适合电工压接线方法实训，掌握电工压接线基本操作技能。设备为交流220 V电源输入，设备接线端子和指示灯的工作电压为≤12 V直流安全电压。

8. 实训材料和工具

实训材料：西元电工配线端接实训材料包。

实训工具：西元智能化系统工具箱，型号KYGJX-16。

9. 实训步骤

（1）预习和播放视频。课前应预习，初学者提前预习，反复观看实训指导视频，熟悉主要关键技能和评判标准。

（2）电线电缆冷压接步骤和方法。以多芯软线电缆的压接为例进行详细介绍。

第一步：裁线。取出多芯软线电缆，按照跳线总长度需要用剪刀裁线。

第二步：剥除护套。用电工剥线钳，剥去电线两端的护套。注意不要划透护套，避免损伤线芯，如图2-60所示。注：剥除护套长度宜为6 mm。

 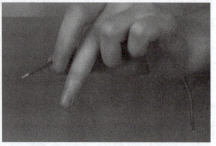

图2-60　用剥线钳剥除护套

第三步：将剥开的多芯软线用手沿顺时针方向拧紧，套上冷压端子，如图2-61所示。

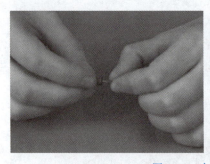 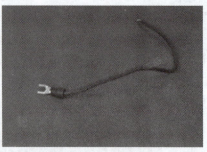

图2-61　套上冷压端子

第四步：用电工压线钳将冷压端子与导线压接牢靠，如图2-62所示。

第五步：制作压接另一端冷压端子。重复上述步骤，完成另一端线缆的压接。

第六步：将两端压接好冷压端子的导线接在面板上相应的接线端子中，拧紧螺钉，如图2-63所示。

说明：①实训中针对不同直径的线缆，应选用剥线钳不同的豁口进行剥线操作。

②实训中针对绝缘和非绝缘冷压端子，应采用不同的专用冷压钳压接。

图2-62　压接冷压端子

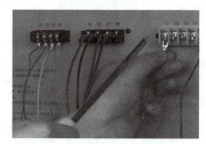

图2-63　将线缆接在接线端子上

第七步：压接线测试。

① 确认各组压接线安装位置正确，冷压端子安装牢靠，与接线端子可靠接触。

② 观察上下对应指示灯闪烁情况。

每根电线压接可靠位置正确时，上下对应的接线端子指示灯同时反复闪烁。

电线其中一端，压接开路时，上下对应的接线端子指示灯不亮。

某根电线压接的位置错误时，上下错位的接线端子指示灯同时反复闪烁。

某根电线与其他电线并联时，上下对应的接线端子指示灯反复闪烁。

10. 评判标准

（1）每根电缆10分，24根跳线240分。测试线序不合格，直接给0分，操作工艺不再评价。

（2）操作工艺评价详见表2-8。

表2-8　电线电缆冷压接训练评判表

评判项目名称/编号	冷压接测试合格100分不合格0分	操作工艺评价（每处扣2分）					评判结果得分	排名
		电缆过长或过短	线芯损伤	线芯过长或过短	冷压端子不匹配	冷压接不可靠		

11. 实训报告

按照单元1表1-2所示的实训报告要求和模板，独立完成实训报告，2课时。

岗位技能竞赛

为了给学生"学技能、练技能、比技能"的良好学习氛围，老师可组织学生进行岗位技能竞赛活动。通过岗位技能竞赛，提高学生学习的积极性和趣味性，更好地掌握该实训技能。

预赛：老师可根据学生人数进行分组，首先进行组内竞赛，建议每组4~5人。

（1）竞赛方式：组内每人制作6根冷压接跳线（其中3根使用非绝缘冷压端子，3根使用绝缘冷压端子），胜出者作为本组决赛代表。

（2）评比方式：以冷压接跳线合格数为主，制作速度为辅的原则进行评比，跳线测试合格数量多且制作时间短者胜出。

决赛：每组的胜出者作为决赛代表，进行组间竞赛，选出最终优胜者，作为冠军。

（1）竞赛方式：完成电工压接实训装置上全部24根各种线缆的冷压接制作，并正确端接在实训装置上。

（2）评比方式：结合用时、操作的规范性及测试的合格数，综合实力最高者胜出。

单元 3

入侵报警系统工程常用标准简介

图纸是工程师的语言,标准是工程图纸的语法。本单元重点介绍有关入侵报警系统工程的常用国家标准与行业标准等。

学习目标:
- 熟悉 GB 50314—2015《智能建筑设计标准》、GB 50606—2010《智能建筑工程施工规范》、GB 50339—2013《智能建筑工程质量验收规范》3个标准中有关入侵报警系统工程的内容。
- 掌握 GB 50394—2007《入侵报警系统工程设计规范》标准的主要内容。
- 熟悉 GB 50348—2018《安全防范工程技术标准》和 GA/T 74—2017《安全防范系统通用图形符号》2个标准中有关入侵报警系统工程的内容。

3.1 标准的重要性和类别

3.1.1 标准的重要性

GB/T 20000.1—2014《标准化工作指南 第1部分:标准化和相关活动的通用术语》国家标准中定义:"通过标准化活动,按照规定的程序经协商一致制定,为各种活动或其结果提供规则、指南或特性,供共同使用和重复使用的文件"。

入侵报警系统是智能建筑安防系统重要的安全技术防范设施,是防止非法入侵的重要保障。在实际工程中,必须依据相关标准,结合用户要求和现场实际情况进行个性化设计。作者多年的实际工作经验说明,"图纸是工程师的语言,标准是工程图纸的语法",离开标准无法设计和施工。

3.1.2 标准术语和用词说明

国家标准第二章一般为术语,对该标准常用的术语做出明确的规定或者定义,在标准的最后一般有用词说明,方便在执行标准的规范条文时区别对待,GB 50314—2015《智能建筑设计标准》对要求严格程度不同的用词说明如下:

(1)表示很严格,非这样做不可的:
正面词采用"必须",反面词采用"严禁"。
(2)表示严格,在正常情况下均应这样做的:

正面词采用"应",反面词采用"不应"或"不得"。
（3）表示允许稍有选择,在条件许可时首先应这样做的:
正面词采用"宜",反面词采用"不宜"。
（4）表示有选择,在一定条件下可以这样做的,采用"可"。
（5）标准条文中指明应按其他有关标准执行的写法为"应符合……的规定"或"应按……执行"。

3.1.3 标准的分类

《中华人民共和国标准化法》将标准划分为国家标准、行业标准、地方标准、企业标准4类,本单元选择在实际工程中经常使用的国家标准和行业标准进行介绍,相关地方标准和企业标准不再介绍。

目前,我国非常重视标准的编写和发布,在入侵报警行业已经建立了比较完善的标准体系。主要国家标准和行业标准如下:
（1）GB 50314—2015《智能建筑设计标准》。
（2）GB 50606—2010《智能建筑工程施工规范》。
（3）GB 50339—2013《智能建筑工程质量验收规范》。
（4）GB 50348—2018《安全防范工程技术标准》。
（5）GB 50394—2007《入侵报警系统工程设计规范》。
（6）GA/T 74—2017《安全防范系统通用图形符号》。

3.2 GB 50314—2015《智能建筑设计标准》系统配置简介

3.2.1 标准适用范围

GB 50314—2015《智能建筑设计标准》由住房和城乡建设部在2015年3月8日公告,公告号为778号,从2015年11月1日起开始实施。该标准为了规范智能建筑工程设计,提高和保证设计质量专门制定,适用于新建、扩建和改建的民用建筑及通用工业建筑等的智能化系统工程设计,民用建筑包括住宅、办公、教育、医疗等。标准要求智能建筑工程的设计应以建设绿色建筑为目标,做到功能实用、技术适时、安全高效、运营规范和经济合理,在设计中应增强建筑物的科技功能和提升智能化系统的技术功效,具有适用性、开放性、可维护性和可扩展性。

3.2.2 入侵报警系统工程的设计规定

该标准共分18章,主要规范了建筑物中的智能化系统的设计要求,第1~4章主要为智能建筑设计的总则、术语、工程架构、设计要素。第5~18章为住宅建筑、办公建筑、旅馆建筑、文化建筑、博物馆建筑、观演建筑、会展建筑、教育建筑、金融建筑、交通建筑、医疗建筑、体育建筑、商店建筑、通用工业建筑等。

随着信息网络技术的发展,入侵报警技术也不断得到改善,并进入智能建筑领域中,现已成为其不可或缺的一部分。在不同类型的智能建筑设计中,无一例外地都会涉及有关入侵报警系统的设计。

第4章设计要素中,"4.6 公共安全系统"中明确规定,安全技术防范系统中宜包括安全防范综合管理（平台）和入侵报警、视频安防监控、出入口控制等系统。

第5～18章的各种智能建筑设计中，明确要求入侵报警系统的设计应按GB 50348—2018《安全防范工程技术标准》和GB 50394—2007《入侵报警系统工程设计规范》等现行国家标准的规定执行，同时针对各种智能建筑的不同用途，特别给出了具体设计配置规定和要求。下面重点介绍常见智能建筑设计中与入侵报警系统有关的内容。

在第5章住宅建筑中，安全技术防范系统配置应按表3-1所示的规定。非超高层住宅建筑、超高层住宅建筑中，安全技术防范系统的配置不宜低于GB 50348—2018《安全防范工程技术标准》现行国家标准的有关规定。

表3-1 住宅建筑安全技术防范系统配置表

安全技术防范系统	住宅建筑 智能化系统	非超高层住宅建筑	超高层住宅建筑
	入侵报警系统	按照GB 50348—2018《安全防范工程技术标准》和GB 50394—2007《入侵报警系统工程技术规范》等现行国家标准规定	
机房工程	安防监控中心	应配	应配

说明：根据GB 50314—2015《智能建筑设计标准》表5.0.2整理。

在第6章办公建筑设计中，安全技术防范系统配置应按表3-2所示的规定。通用办公建筑、行政办公建筑中，安全技术防范系统应符合GB 50348—2018《安全防范工程技术标准》现行国家标准的有关规定。

表3-2 办公建筑安全技术防范系统配置表

安全技术防范系统	办公建筑 智能化系统	通用办公建筑		行政办公建筑		
		普通办公建筑	商务办公建筑	其他	地市级	省部级及以上
	入侵报警系统	应配	应配	应配	应配	应配
机房工程	安防监控中心	应配	应配	应配	应配	应配
安全防范综合管理平台系统		宜配	应配	宜配	应配	应配

说明：根据GB 50314—2015《智能建筑设计标准》表6.2.1、表6.3.1等规定整理。

在第8章文化建筑设计中，安全技术防范系统配置应按表3-3所示的规定。图书馆按照阅览、藏书、办公等划分不同防护区域，并应确定不同技术防范等级。档案馆应根据级别，采取相应的人防、技防配套措施。文化馆应采取合理的人防、技防配套措施，并宜设置防暴安全检查系统。

表3-3 文化建筑安全技术防范系统配置表

安全技术防范系统	文化建筑 智能化系统	图书馆			档案馆			文化馆		
		专门	科研	高校	公共	乙级	甲级	特级	小型	中型	大型
	入侵报警系统	应配	应配	应配	应配	应配	应配	应配	应配	应配	应配
机房工程	安防监控中心	应配	应配	应配	应配	应配	应配	应配	应配	应配	应配
安全防范综合管理平台系统		可配	宜配	应配	可配	宜配	应配	可配	可配	宜配	应配

说明：根据GB 50314—2015《智能建筑设计标准》表8.2.1、表8.3.1、表8.4.1等规定进行整理。

在第12章教育建筑设计中，安全技术防范系统配置应按表3-4所示的规定。高等学校、高级中学、初级中学和小学，应根据学校建筑的不同规模和管理模式进行配置，安全技术防范系统应符合GB 50348—2018《安全防范工程技术标准》国家标准的有关规定。

表3-4 教育建筑安全技术防范系统配置表

安全技术防范系统	教育建筑智能化系统	高等学校		高级中学		初级中学和小学	
		高等专科学校	综合性大学	职业学校	普通高级中学	小学	初级中学
	入侵报警系统	按照GB 50348—2018《安全防范工程技术标准》和GB 50394—2007《入侵报警系统工程设计规范》等现行国家标准规定					
机房工程	安防监控中心	应配	应配	应配	应配	应配	应配
安全防范综合管理平台系统		可配	应配	宜配	应配	可配	可配

说明：根据GB 50314—2015《智能建筑设计标准》表12.2.1、表12.3.1、表12.4.1整理。

在第14章交通建筑设计中，安全技术防范系统配置应按表3-5所示的规定。民用机场航站楼，安全技术防范系统应符合机场航站楼的运行及管理需求。对于铁路客运站，安全技术防范系统应结合铁路旅客车站管理的特点，采取各种有效的技术防范手段，满足铁路作业、旅客运转的安全机制的要求。

表3-5 交通建筑安全技术防范系统配置表

安全技术防范系统	交通建筑	民用机场航站楼		铁路客运站			城市轨道交通站		汽车客运站
	智能化系统	支线	国际	三等	一、二等	特等	一般	枢纽	四、三、二、一级
	入侵报警系统	按照GB 50348—2018《安全防范工程技术标准》和GB 50394—2007《入侵报警系统工程设计规范》等现行国家标准规定							
机房工程	安防监控中心	应配	应配	应配	应配	应配	应配	应配	应配
安全防范综合管理平台系统		应配	应配	宜配	应配	应配	应配	应配	可配

说明：根据GB 50314—2015《智能建筑设计标准》表14.2.1、表14.3.1、表14.4.1、表14.5.1整理。

3.3 GB 50606—2010《智能建筑工程施工规范》施工要求简介

3.3.1 标准适用范围

GB 50606—2010《智能建筑工程施工规范》由住房和城乡建设部在2010年7月15日公告，公告号为668号，从2011年2月1日起开始实施。该标准是为了加强智能建筑工程施工过程的管理，提高和保证施工质量专门制定，适用于新建、改建和扩建工程中的智能建筑工程施工。标准要求智能建筑工程的施工，要做到技术先进、工艺可靠、经济合理、管理高效。

3.3.2 入侵报警系统工程的设计规定

该标准共分17章，主要规范了建筑物的智能化施工要求，第1~4章主要为智能建筑施工的总则、术语、基本规定、综合管线。第5~15章为智能建筑各子系统的施工要求，包括：综合布线系统、信息网络系统、卫星接收及有线电视系统、会议系统、广播系统、信息设施系统、信息化应用系统、建筑设备监控系统、火灾自动报警系统、安全防范系统、智能化集成系统。第16~17章为防雷与接地、机房工程。

在第14章"安全防范系统"中对入侵报警系统的施工要求如下：

1. 施工准备

（1）入侵报警系统的设备应有强制性产品认证证书和"CCC"标志，或进网许可证、合格证、检测报告等文件资料。产品名称、型号、规格应与检验报告一致。这些设备包括报警控制器、各种前端探测器、声光报警器、警号等。图3-1所示为3C中国强制性产品认证标志，图3-2所示为进网许可证，图3-3所示为产品合格证。

图3-1　3C认证标志

图3-2　进网许可证

图3-3　产品合格证

（2）进口设备应有国家商检部门的有关检验证明。一切随机的原始资料，自制设备的设计计算资料、图纸、测试记录、验收鉴定结论等应全部清点、整理归档。

2. 设备安装

（1）探测器应安装牢固，探测范围内应无障碍物，以免影响探测器的探测。例如，当红外探测器探测范围内有冷热通风口和冷热源时，会导致探测器产生误报现象。

（2）室外探测器的安装位置应在干燥、通风、不积水处，并应有防水、防潮措施。例如，给探测器配置室外专用的防雨护罩等。

（3）磁控开关宜装在门或窗内，安装应牢固、整齐、美观。图3-4、图3-5分别为磁控开关安装在房门上和安装在窗户上的实景图。

图3-4　磁控开关安装在房门上

图3-5　磁控开关安装在窗户上

（4）振动探测器安装位置应远离电动机、水泵和水箱等振动源。

（5）玻璃破碎探测器安装位置应靠近保护目标。

（6）紧急按钮安装位置应隐蔽、便于操作、安装牢固。例如，在银行报警系统中，一般安装在工作人员的柜台下方。

（7）红外对射探测器安装时接收端应避开太阳直射光，避开其他大功率灯光直射，应顺光方向安装。

3. 质量控制

（1）系统设备应安装牢固，接线规范、正确，并应采取有效的抗干扰措施。

（2）应检查系统的互联互通，各个子系统之间的联动应符合设计要求。

（3）各设备、器件的端接应规范。

（4）监控中心接地应做等电位连接，接地电阻应符合设计要求。

4. 系统调试

报警系统调试除应执行相关现行国家标准的规定外，尚应符合下列规定：

（1）按 GB 50394—2007《入侵报警系统工程设计规范》现行国家标准的规定，检查探测器的探测范围、灵敏度、误报警、漏报警、报警状态后的恢复、防拆保护等功能与指标，检查结果应符合设计要求。

（2）检查报警联动功能，电子地图显示功能及从报警到显示、录像的系统反应时间，检查结果应符合设计要求。

5. 自检自验

入侵报警系统的检验除应执行 GB 50339—2013《智能建筑工程质量验收规范》现行国家标准的相关规定外，还应检验视频报警探测器的图像异动报警功能、背景变化报警功能、行为分析、模式识别报警功能等。

6. 质量记录

安全防范系统质量记录除应执行本规范的规定外，还应执行 GB 50348—2018《安全防范工程技术标准》国家标准的有关规定。

3.4　GB 50339—2013《智能建筑工程质量验收规范》检验要求简介

3.4.1　标准适用范围

GB 50339—2013《智能建筑工程质量验收规范》由住房和城乡建设部在2013年6月26日公告，公告号为83号，从2014年2月1日起开始实施。该标准是为了加强智能建筑工程质量管理，规范智能建筑工程质量验收，保证工程质量专门制定，适用于新建、改建和扩建工程中的智能建筑工程的质量验收。标准要求智能建筑工程的质量验收，要坚持"验评分离、强化验收、完善手段、过程控制"的指导思想。

3.4.2　入侵报警系统工程的验收规定

该标准共分22章，主要规范了智能建筑工程质量的验收方法、程序和质量指标。第1～3章主要为智能建筑工程质量验收的总则、术语和符号、基本规定。第4～20章为智能建筑各子系统的质量验收要求，包括：智能化集成系统、信息接入系统、用户电话交换系统、信息网络系统、综合布线系统、移动通信室内信号覆盖系统、卫星通信系统、有线电视及卫星电视接收系统、公共广播系统、会议系统、信息导引及发布系统、时钟系统、信息化应用系统、建筑设备监控系统、火灾自动报警系统、安全技术防范系统、应急响应系统。第21～22章为机房工程、防雷与接地。

在第19章"安全技术防范系统"中，要求安全技术防范系统包括安全防范综合管理系统、入侵报警系统、视频安防监控系统、出入口控制系统、电子巡查系统和停车场管理系统等子系统。其中，对入侵报警系统的检验要求整理如下：

（1）入侵报警系统功能应按设计要求逐项检验。

（2）探测器等相关报警设备抽检的数量不应低于20%，且不应少于3台，数量少于3台时应全部检测。
（3）系统的功能检测应包括：
① 布防/撤防功能。
② 报警信息记录的质量以及保存时间。
③ 系统工作状态的显示、报警信息的准确性和实时性。
④ 入侵报警功能、防破坏及故障报警功能、记录及显示功能、系统自检功能、系统报警响应时间、报警复核功能、报警声级、报警优先功能等。
（4）应按 GB 50348—2018《安全防范工程技术标准》现行国家标准中有关入侵报警系统检验项目、检验要求及测试方法的规定执行。

3.5　GB 50348—2018《安全防范工程技术标准》简介

3.5.1　标准适用范围

本标准是安全技术防范工程建设的基础性通用标准，是保证安全技术防范工程建设质量，维护国家、集体和个人财产与生命安全的重要技术措施，其属性为强制性国家标准。

本规范的主要内容包括12章：总则、术语、基本规定、规划、工程建设程序、工程设计、工程施工、工程监理、工程检验、工程验收、系统运行与维护、咨询服务。下面将围绕有关入侵报警系统的相关内容作基本介绍。

3.5.2　入侵报警系统相关规定

1. 规划

入侵报警工程建设应针对需要防范的风险，按照纵深防护和均衡防护的原则，统筹考虑人力防范能力，协调配置实体防护和（或）电子防护设备、设施，对保护对象从单位、部位和（或）区域、目标三个层面进行防护，且应符合下列规定：

（1）应根据现场环境和安全防范管理要求，合理选择实体防护和（或）入侵探测和（或）视频监控等防护措施。

（2）应考虑不同的实体防护措施对不同风险的防御能力。

（3）对周界、出入口的防护，应考虑不同的入侵探测设备对翻越、穿越、挖洞等不同入侵行为的探测能力，以及入侵探测报警后的人防响应能力。

（4）对通道和公共区域的防护，高风险保护对象周边可选择入侵探测和（或）实体防护措施。

（5）对监控中心、财务室、水电气热设备机房等主要区域、部位及保护目标的防护，可采用区域入侵探测、位移探测等手段对固定目标被接近或被移动的情况实时探测报警。

2. 系统设计

（1）入侵报警系统应对保护区域的非法隐蔽进入、强行闯入以及撬、挖、凿等破坏行为进行实时有效的探测与报警。应结合风险防范要求和现场环境条件等因素，选择适当类型的设备和安装位置，构成点、线、面、空间或其组合的综合防护系统。

（2）入侵报警系统设计内容应包括安全等级、探测、防拆、防破坏及故障识别、设置、操作、指示、通告、传输、记录、响应、复核、独立运行、误报警与漏报警、报警信息分析等，并应符合下列规定：

① 设备的安全等级不应低于系统的安全等级。多个报警系统共享部件的安全等级应与各系统中最高的安全等级一致。

② 入侵报警系统应能准确、及时地探测入侵行为或触发紧急报警装置，并发出入侵报警信号或紧急报警信号。

③ 当设备被替换或外壳被打开时，入侵报警系统应能发出防拆信号。

④ 当报警信号传输线被断路/短路、探测器电源线被切断、系统设备出现故障时，控制指示设备应发出声、光报警信号。

⑤ 系统用户应能根据权限类别不同，按时间、区域、部位对全部或部分探测防区进行自动或手动设防、撤防、旁路等操作，并应能实现胁迫报警操作。

⑥ 当系统出现入侵、紧急、防拆、故障、胁迫等报警状态和非法操作时，系统应能根据不同需要在现场和（或）监控中心发出声、光报警通告。

⑦ 系统报警响应时间应满足有关现行国家标准的要求。

⑧ 在重要区域和重要部位发出报警的同时应能对报警现场进行声音和（或）图像复核。

3. 系统施工

入侵报警设备安装应符合下列规定：

（1）各类探测器的安装点（位置和高度）应符合所选产品的特性、警戒范围要求和环境影响等。

（2）入侵探测器的安装，应确保对防护区域的有效覆盖，当多个探测器的探测范围有交叉覆盖时应避免相互干扰。

（3）周界入侵探测器的安装，应能保证防区交叉，避免盲区。

（4）需要隐蔽安装的紧急按钮，应便于操作。

4. 系统调试

入侵报警系统调试应至少包括下列内容：

（1）探测器的探测范围、灵敏度、报警后的恢复、防拆保护等。

（2）紧急按钮的报警与恢复。

（3）防区、布撤防、旁路、胁迫警、防破坏及故障识别、告警、用户权限等设置、操作、指示/通告、记录/存储、分析等。

（4）系统的报警响应时间、联动、复核、漏报警等。

（5）入侵报警系统的其他功能。

5. 系统检验

（1）工程检验应对系统设备按产品类型及型号进行抽样检验。

（2）入侵报警系统检验，应包括系统架构检验；实体防护检验；电子防护检验；安全性、电磁兼容性、防雷与接地检验；供电与信号传输检验；监控中心与设备安装检验等内容。

（3）工程检验中有不合格项时，允许改正后进行复检。复检时抽样数量应加倍，复检仍不合格则判该项不合格。

（4）系统交付使用后，可进行系统运行检验。

6. 系统验收

入侵报警系统应重点检查下列内容：

（1）应检查系统的探测、防拆、设置、操作等功能；探测功能的检查应包括对入侵探测器的安装位置、角度、探测范围等。

（2）应检查入侵探测器、紧急报警装置的报警响应时间。

（3）当有声音和（或）图像复核要求时，应检查现场声音和（或）图像与报警事件的对应关系、采集范围和效果。

（4）当有联动要求时，应检查预设的联动要求与联动执行情况。

3.6　GB 50394—2007《入侵报警系统工程设计规范》简介

该规范是GB 50348—2018《安全防范工程技术标准》的配套标准，也是安全防范系统工程建设的基础性标准之一，是保证安全防范工程建设质量、保护公民人身安全和财产安全的重要技术保障。

该规范主要内容包括：总则，常用名词术语，基本设计要求，主要功能、性能要求，设备选型与设置，传输方式，线缆选型与布线，供电、防雷与接地，系统安全性、可靠性、电磁兼容性、环境适应性，监控中心等。本节将对此标准进行比较详细的介绍。

3.6.1　总则

（1）为了规范入侵报警系统工程的设计，提高入侵报警系统工程的质量，保护公民人身安全和国家、集体、个人财产安全，制定本规范。

（2）本规范适用于以安全防范为目的的新建、改建、扩建的各类建筑物（构筑物）及其群体的入侵报警系统工程的设计。

（3）入侵报警系统工程的建设，应与建筑及其强、弱电系统的设计统一规划，根据实际情况，可一次建成，也可分步实施。

（4）入侵报警系统工程应具有安全性、可靠性、开放性、可扩充性和使用灵活性，做到技术先进，经济合理，实用可靠。

（5）入侵报警系统工程的设计，除应执行本规范外，尚应符合国家现行有关技术标准、规范的规定。

3.6.2　常用名词术语

1. 入侵报警系统

入侵报警系统（intruder alarm system，IAS）是利用传感器技术和电子信息技术探测并指示非法进入或试图非法进入设防区域（包括主观判断面临被劫持或遭抢劫或其他危急情况时，故意触发紧急报警装置）的行为、处理报警信息、发出报警信息的电子系统或网络。

2. 防拆报警

防拆报警（tamper alarm）是因触发防拆探测装置而导致的报警。

3. 防拆装置

防拆装置（tamper device）是用来探测拆卸或打开报警系统的部件、组件或其部分的装置。

4. 设防

设防（set condition）是使系统的部分或全部防区处于警戒状态的操作。

5. 撤防

撤防（unset condition）是使系统的部分或全部防区处于解除警戒状态的操作。

6. 防区

防区（defence area）是利用探测器以及紧急报警装置对防护对象实施防护，并在控制设备上能明确显示报警部位的区域。

7. 周界

周界（perimeter）是指需要进行实体防护或电子防护的某区域的边界。

8. 监视区

监视区（surveillance area）是指实体周界防护系统或电子周界防护系统所组成的周界警戒线与防护区边界之间的区域。

9. 防护区

防护区（protection area）是指允许公众出入的、防护目标所在的区域或部位。

10. 禁区

禁区（restricted area）是指不允许未授权人员出入或窥视的防护区域或部位。

11. 盲区

盲区（blind zone）是指在警戒范围内，安全防范手段未能覆盖的区域。

12. 漏报警

漏报警（leakage alarm）是指入侵行为已经发生，而系统未能做出报警响应或指示。

13. 误报警

误报警（false alarm）是指由于意外触动手动装置、自动装置对未设计的报警状态做出响应、部件的错误动作或损坏、操作人员失误等而发出的报警信号。

14. 报警复核

报警复核（check to alarm）是指利用声音或图像信息对现场报警的真实性进行核实的手段。

15. 紧急报警装置

紧急报警装置（emergency alarm switch）是指紧急情况下，由人工故意触发报警信号的开关装置。

16. 探测器

探测器（detector）是指对入侵或企图入侵行为进行探测做出响应并产生报警状态的装置。

17. 报警控制设备

报警控制设备（controller）是指在入侵报警系统中，实施设防、撤防、测试、判断、传送报警信息，并对探测器的信号进行处理以断定是否应该产生报警状态以及完成某些显示、控制、记录和通信功能的装置。

18. 报警响应时间

报警响应时间（response time）是指从探测器以及紧急报警装置探测到目标后产生报警状态信息到控制设备接收到该信息并发出报警信号所需的时间。

3.6.3 基本设计要求

1. 基本规定

（1）入侵报警系统工程的设计应综合应用电子传感探测、有线/无线通信、显示记录、计算机网络、系统集成等先进而成熟的技术，配置可靠而适用的设备，构成先进、可靠、经济、适用、配套的入侵探测报警应用系统。

（2）入侵报警系统中使用的设备必须符合国家法律法规和现行强制性标准的要求，并经法定机构检验或认证合格。

（3）根据防护对象的风险等级和防护级别、环境条件、功能要求、安全管理要求和建设投资等因素，确定系统的规模、系统模式及应采取的综合防护措施。例如，对银行、博物馆等高风险场所应采用一级防护措施。

（4）根据建设单位提供的设计任务书、建筑平面图和现场勘察报告，进行防区的划分，确定探测器、传输设备的设置位置和选型。例如，边界围墙防区应选取电子围栏式探测器、红外对射探测器等；监控中心除应安装各种探测器外，还应安装紧急报警开关。

（5）根据防区的数量和分布、信号传输方式、集成管理要求、系统扩充要求等，确定控制设备的配置和管理软件的功能。例如，距离较近、探测防区较少且比较集中的场所可采用分线制的组建模式，信号传输方式可采取有线或无线传输等。

（6）系统应以规范化、结构化、模块化、集成化的方式实现，以保证设备的互换性。

2. 纵深防护体系的设计

（1）入侵报警系统的设计应符合整体纵深防护和局部纵深防护的要求，纵深防护体系包括周界、监视区、防护区和禁区。

（2）周界可根据整体纵深防护和局部纵深防护的要求分为外周界和内周界。周界应构成连续无间断的警戒线或面。周界防护应采用实体防护或电子防护措施；采用电子防护时，需设置探测器；当周界有出入口时，应采取相应的防护措施，例如增设出入口管理系统，安排安保人员看守等。

（3）监视区可设置警戒线或面，宜设置视频安防监控系统。

（4）防护区应设置紧急报警装置、探测器，宜设置声光显示装置，利用探测器和其他防护装置实现多重防护。

（5）禁区应设置不同探测原理的探测器，应设置紧急报警装置和声音复核装置，通向禁区的出入口、通道、通风口、天窗等应设置探测器和其他防护装置，实现立体交叉防护。

3.6.4 主要功能、性能要求

系统的主要功能和性能要求如下：

（1）入侵报警系统不得出现漏报警的情况。

（2）入侵报警功能设计应符合下列规定：

① 紧急报警装置应设置为不可撤防状态，应有防触发措施，被触发后应自锁。

② 在设防状态下，当探测器探测到有入侵发生或触动紧急报警装置时，报警控制设备应发出声、光报警信息，报警信息应能保持到手动复位，报警信号应无丢失。

③ 报警发生后，系统应手动复位，不应自动复位。

④ 在撤防状态下，系统不应对探测器的报警状态做出响应。

（3）防破坏及故障报警功能设计应符合下列规定：

当下列任何情况发生时，报警控制设备应发出声、光报警信息，报警信息应能保持到手动复位，报警信号应无丢失。

① 在设防或撤防状态下，当探测器、报警控制器的机壳被打开时。

② 在有线传输系统中，当报警信号传输线被断路和短路时。

③当探测器电源线被切断、报警控制器主电源/备用电源发生故障时。

（4）记录显示功能设计应符合下列规定：

①系统应具有报警、故障、被破坏、操作等信息的记录显示功能，其中操作包括开机、关机、设防、撤防、更改等。

②系统记录信息应包括事件发生时间、地点、性质等，记录的信息应不能更改。

（5）系统报警响应时间应符合下列规定：

①分线制、总线制和无线制入侵报警系统：不大于2 s。

②基于局域网、电力网和广电网的入侵报警系统：不大于2 s。

③基于市话网电话线入侵报警系统：不大于20 s。

（6）系统报警复核功能应符合下列规定：

①当报警发生时，系统宜能对报警现场进行声音复核，避免误报警的产生。声音复核即通过前端声强探测器，智能监测分析环境异响，并在报警时实时监听录音，以达到复核报警状况的目的。

②重要区域和重要部位应有报警声音复核。

（7）无线入侵报警系统的功能设计，除应符合上述相关规定外，尚应符合下列规定：

①当探测器进入报警状态时，发射机应立即发出报警信号，并应具有重复发射报警信号的功能。

②控制器的无线收发设备宜具有同时处理多路报警信号的功能。

③探测器的无线报警发射机，应有电源欠电压本地指示，监控中心应有欠电压报警信息。

3.6.5 设备选型与设置

1. 探测设备

（1）探测设备的选型：

①根据防护要求和设防特点选择不同探测原理、不同技术性能的探测器。多技术复合探测器应视为一种技术的探测器。例如，为防止有人破坏玻璃入侵，可选用被动玻璃破碎探测器，同时也可配套结合使用红外探测器等。

②所选用的探测器应能避免各种可能的干扰（如电磁干扰等），做到减少误报，杜绝漏报。

③探测器的灵敏度、作用距离、覆盖面积应能满足使用要求。例如，接近路边的防护区，探测器的探测距离不应太大，防止路上行人、事物等因素导致的误报警现象。

（2）周界用探测器的选型：

①规则的外周界可选用主动式红外探测器、遮挡式微波入侵探测器、振动入侵探测器、泄漏电缆探测器等。

②不规则的外周界可选用振动探测器、室外用被动红外探测器、室外用双技术探测器、泄漏电缆探测器、振动电缆探测器等。

③无围墙/栏的外周界可选用主动式红外探测器、遮挡式微波探测器、泄漏电缆探测器、电场感应式探测器、高压电子脉冲式探测器等。

④内周界可选用室内用超声波多普勒探测器、被动红外探测器、振动探测器、室内用被动玻璃破碎探测器、声控振动双技术玻璃破碎探测器等。

（3）出入口部位用探测器的选型：

①外周界出入口可选用主动式红外探测器、遮挡式微波探测器、激光式探测器、泄漏电缆

探测器等。

②建筑物内对人员、车辆等有通行时间界定的正常出入口，如大厅、车库出入口等，可选用室内用多普勒微波探测器、被动红外探测器、微波和被动红外复合探测器、磁开关探测器等。

③建筑物内非正常出入口，如窗户、天窗等，可选用室内用多普勒微波探测器、被动红外探测器、室外用超声波多普勒探测器、微波和被动红外复合探测器、磁开关探测器、室内用被动玻璃破碎探测器等。

（4）室内用探测器的选型：

①室内通道可选用多普勒微波探测器、被动红外探测器、超声波多普勒探测器、微波和被动红外复合探测器等。

②室内公共区域、重要部位，可选用多普勒微波探测器、被动红外探测器、超声波多普勒探测器、微波和被动红外复合探测器、被动玻璃破碎探测器、振动探测器、紧急报警装置等。宜设置两种以上不同探测原理的探测器。

（5）探测器的设置：

①每个/对探测器应设为一个独立防区，探测器与防区一一对应，方便报警区域的识别和管理。

②周界的每个独立防区长度不宜大于200 m，防区长度过大甚至超出探测器的探测范围时，将导致探测器不能起到有效的防范作用。

③需设置紧急报警装置的部位宜不少于2个独立防区，每个独立防区的紧急报警装置数量不应大于4个，保证报警的及时性。

④防护对象应在探测器的有效探测范围内，探测器覆盖范围内应无盲区，覆盖范围边缘与防护对象间的距离宜大于5 m。

2. 控制设备

（1）控制设备的选型应符合下列规定：

①应根据系统规模、系统功能、信号传输方式及安全管理要求等选择报警控制设备的类型。例如，一些规模相对较大的系统，要求防范区域较大，设置的探测器较多时，宜选择区域报警控制器。

②宜具有可编程和联网功能。

③进入公共网络的报警控制设备应满足相应网络的入网接口要求，即报警控制设备的接口应与该区域入网接口相一致。

④应具有与其他系统联动或集成的输入、输出接口。

（2）控制设备的设置应符合下列规定：

①现场报警控制设备和传输设备应采用防拆、防破坏措施，并应设置在安全可靠的场所。报警控制器一般都设置安装在监控中心。

②不需要人员操作的现场报警控制设备和传输设备宜采取电子/实体防护措施。

③壁挂式报警控制设备在墙上的安装位置，其底边距地面的高度不应小于1.5 m。若靠门安装时，宜安装在门轴的另一侧；若靠近门轴安装时，靠近其门轴的侧面距离不应小于0.5 m。

④台式报警控制设备的操作、显示面板和管理计算机的显示器屏幕应避开阳光直射。

3. 无线设备

（1）无线报警的设备选型应符合下列规定：

① 载波频率和发射功率应符合国家相关管理规定。
② 探测器的无线发射机使用的电池应保证有效使用时间不小于6个月,在发出欠电压报警信号后,电源应能支持发射机正常工作7天。
③ 无线紧急报警装置应能在整个防范区域内触发报警。
④ 无线报警发射机应有防拆报警和防破坏报警功能。
（2）接收机的位置应由现场试验确定,保证能接收到防范区域内任意发射机发出的报警信号。

3.6.6 传输方式、线缆选型与布线

传输方式除应符合GB 50348—2018《安全防范工程技术标准》现行国家标准的相关规定外,还应符合以下规定：
（1）传输方式的确定应取决于前端设备分布、传输距离、环境条件、系统性能要求及信息容量等,宜采用有线传输为主、无线传输为辅的传输方式。
（2）防区较少,且报警控制设备与各探测器之间的距离不大于100 m的场所,宜选用分线制模式。
（3）防区数量较多时,且报警控制设备与所有探测器之间的连接总长度不大于1 500 m的场所,宜选用总线制模式。
（4）布线困难的场所,宜选用无线制模式。
（5）防区数量很多,且现场与监控中心距离大于1 500 m,或现场要求具有设防、撤防等分控功能的场所,宜选用公共网络模式。

线缆选型除应符合《安全防范工程技术标准》现行国家标准的相关规定外,还应符合以下规定：
（1）系统应根据信号传输方式、传输距离、系统安全性、电磁兼容性等要求,选择传输介质。
（2）当系统采用分线制时,宜采用不少于5芯的通信电缆,每芯截面不宜小于0.5 mm^2。
（3）当系统采用总线制时,总线电缆宜采用不少于6芯的通信电缆,每芯截面不宜小于1.0 mm^2。
（4）当现场与监控中心距离较远或电磁环境较恶劣时,可选用光缆。

布线设计除应符合《安全防范工程技术标准》现行国家标准的相关规定外,还应符合以下规定：
（1）室内管线敷设：
① 室内线路应优先采用金属管,可采用阻燃硬质或半硬质塑料管及附件等。
② 竖井内布线时,应设置在弱电竖井内。当受条件限制强弱电竖井必须合用时,报警系统线路和强电线路应分别布置在竖井两侧。
（2）室外管线敷设：
① 线缆防潮性及施工工艺应满足国家现行相关标准的要求。
② 当采用架空敷设时,与共杆架设的电力线（1 kV以下）的间距不应小于1.5 m,与广播线的间距不应小于1 m,与通信线的间距不应小于0.6 m。
③ 线缆敷设路径上有可利用的管道（建筑物）时可优先采用管道敷设（墙壁固定敷设）方式。

④ 线缆敷设路径上没有可利用的管道和建筑物，也不便立杆时，可采用直埋敷设方式。引出地面的出线口，宜选在相对隐蔽地点，并宜在出口处设置从地面计算不低于3 m的出线防护钢管。

⑤ 线缆由建筑物引出时，宜避开避雷针引下线，不能避开处两者平行距离应不小于1.5 m，交叉间距应不小于1 m。

3.6.7 供电、防雷与接地

供电、防雷与接地应符合以下要求：

（1）系统供电除应符合GB 50348—2018《安全防范工程技术标准》现行国家标准的相关规定外，还应符合以下规定：

① 系统供电宜采用由监控中心集中供电，供电宜采用TN-S制式。图3-6所示为TN-S系统图。

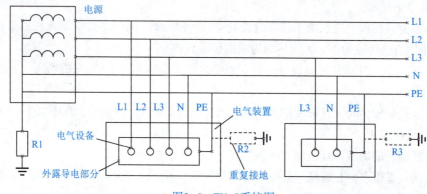

图3-6　TN-S系统图

② 应有备用电源，并应能自动切换，切换时不应改变系统工作状态，其容量应能保证系统连续工作不小于8 h。备用电源可以是免维护电池或UPS电源。

（2）系统防雷与接地除应符合GB 50348—2018《安全防范工程技术标准》现行国家标准的相关规定外，还应符合下列规定：

① 置于室外的入侵报警系统设备宜具有防雷保护措施。

② 置于室外的报警信号线输入、输出端口宜设置信号线路浪涌保护器。

③ 室外的交流供电线路、信号线路宜采用有金属屏蔽层并能穿钢管埋地敷设，屏蔽层及钢管两端应接地。

3.6.8 系统安全性、可靠性、电磁兼容性、环境适应性

系统安全性、可靠性、电磁兼容性、环境适应性应符合以下要求：

（1）系统安全性设计除应符合GB 50348—2018《安全防范工程技术标准》现行国家标准的相关规定外，还应符合以下规定：

① 系统选用的设备不应引入安全隐患和对防护对象造成损害。

② 系统供电暂时中断，恢复供电后，系统应不需设置即能恢复原有工作状态。

③ 系统的主电源宜直接与供电线路进行物理连接，并对电源连接端子进行防护设计，保证系统通电使用后无法人为断电关机。

（2）系统可靠性应符合GB 50348—2018《安全防范工程技术标准》现行国家标准的相关规定，根据系统规模的大小和用户对系统可靠性的要求，将整个系统的可靠性合理分配到系统的各个组成部分。

（3）系统电磁兼容性应符合GB 50348—2018《安全防范工程技术标准》现行国家标准的相关规定，选用的主要设备应符合电磁兼容试验系列标准的规定，其严酷等级应满足现场电磁环境的要求。

（4）系统环境适应性除应符合GB 50348—2018《安全防范工程技术标准》现行国家标准的相关规定外，还应符合以下规定：

① 系统所选用的主要设备应符合GB/T 15211—2013《安全防范报警设备环境适应性要求和试验方法》现行国家标准的相关规定，其严酷等级应符合系统所在地域环境的要求。

② 设置在室外的设备、部件、材料，应根据现场环境要求做防晒、防淋、防冻、防尘、防浸泡等设计。

3.6.9 监控中心

设计监控中心的要求：

（1）监控中心的设计应符合GB 50348—2018《安全防范工程技术标准》现行国家标准的相关规定。

（2）当入侵报警系统与安全防范系统的其他子系统联合设置时，中心控制设备应设置在安全防范系统的监控中心。

（3）独立设置的入侵报警系统，其监控中心的门、窗应采取防护措施。

3.7 GA/T 74—2017《安全防范系统通用图形符号》简介

本标准规定了安全防范系统技术文件中使用的图形符号，适用于安全防范工程设计、施工文件中的图形符号的绘制和标注。本节将主要选取介绍有关入侵报警系统的相关图形符号，见表3-6。

表3-6 入侵报警系统常用设备图形符号

编号	图形符号	名称	英文	说明
1		防护周界	protective perimeter	防护周界
2		监控区边界	monitored zone	监控区边界
3		防护区边界	protective zone	防护区边界
4		禁区边界	forbidden zone	禁区边界
5		主动红外入侵探测器	active infrared intrusion detector	Tx代表发射机 Rx代表接收机
6		遮挡式微波入侵探测器	microwave interruption intrusion detector	Tx代表发射机 Rx代表接收机
7		振动电缆入侵探测器	vibration cable intrusion detector	
8		脉冲电子围栏	pulse electronic fence	
9		泄漏电缆入侵探测装置	leaky cable intrusion detecting device	
10		被动红外探测器	passive infrared detector	

续表

编号	名称	英文	图形符号	说明
11	微波多普勒探测器	microwave Doppler detector	M (三角形)	
12	超声波多普勒探测器	ultrasonic Doppler detector	U (三角形)	
13	微波和被动红外复合入侵探测器	combine microwave and passive infrared intrusion detector	IR/M (三角形)	
14	振动入侵探测器	vibration intrusion detector	A (菱形)	
15	声波探测器	acoustic detector	q (菱形)	
16	振动声波复合探测器	combined vibration and airborne detector	A/q (菱形)	
17	被动式玻璃探测器	passive glass-break detector	B (菱形)	
18	压敏探测器	pressure-sensitive detector	P (菱形)	
19	磁开关入侵探测器	magnetic switch intrusion detector	(圆形符号)	
20	紧急按钮开关	panic button switch	(圆形)	
21	紧急脚挑开关	emergency foot switch	(✓圆形)	
22	压力垫开关	pressure pad switch	(圆形)	
23	扬声器	loudspeaker	(扬声器符号)	
24	报警灯	warning light	(⊗梯形)	
25	警号	siren	(梯形)	
26	声光报警器	audible and visual alarm	(⊗+扬声器梯形)	
27	警铃	bell	(梯形)	
28	保安电话	security telephone	S	

续表

编号	图形符号	名称	英文		说明
29	模拟显示屏	analog display panel	⋮⋮		入侵报警系统中用于报警地图的模拟显示
30	辅助控制设备	ancillary control equipment	ACE		
31	防护区域收发器	supervised premises transceiver	SPT		
32	报警控制键盘	alarm control keyboard	ACK		
33	控制指示设备	control and indicating equipment	CIE		
34	电话报警联网适配器	network adaptor for alarm by telephone			
35	入侵报警系统控制计算机	computer for intrusion and hold-up alarm system control	I&HAS		

习　题

一、**填空题**（10题，每题2分，合计20分）

1. "图纸是工程师的_____，标准是工程图纸的_____"，离开标准无法设计和施工。（参考3.1知识点）

2. 安全技术防范系统中宜包括安全防范综合管理平台和_____、_____、出入口控制等系统。（参考3.2知识点）

3. 入侵报警系统的设备应有强制性产品认证证书和_____，或进网许可证、_____、检测报告等文件资料。（参考3.3知识点）

4. 红外对射探测器安装时_____应避开太阳直射光，避开其他大功率灯光直射，应_____方向安装。（参考3.3知识点）

5. 设备的安全等级_____系统的安全等级。多个报警系统共享部件的安全等级应与各系统中最高的安全等级_____。（参考3.5知识点）

6. 入侵报警系统应能准确、及时地探测_____或_____，并发出入侵报警信号或紧急报警信号。（参考3.5知识点）

7. 入侵报警系统的设计应符合_____纵深防护和_____纵深防护的要求，纵深防护体系包括周界、监视区、防护区和禁区。（参考3.6.3知识点）

8. 每个/对探测器应设为一个_____防区，探测器与防区_____对应，方便报警区域的识别和管理。（参考3.6.5知识点）

9. 传输方式的选择取决于系统规模、系统功能、现场环境和管理工作的要求。一般采用_____的传输方式。（参考3.6.6知识点）

10. 入侵报警系统应有备用电源，并应能自动切换，切换时不应改变系统工作状态，其容量应能保证系统连续工作不小于_____小时。（参考3.6.7知识点）

二、选择题（10题，每题3分，合计30分）

1. 《入侵报警系统工程设计规范》的标准号为（　　）。（参考3.1.3知识点）
   A. GB 50394　　B. GB 50348　　C. GB 50339　　D. GB 50314
2. GB 50348是（　　）标准的标准号。（参考3.1.3知识点）
   A.《智能建筑设计标准》　　　　　　B.《安全防范工程技术标准》
   C.《智能建筑工程质量验收规范》　　D.《入侵报警系统工程设计规范》
3. 室外探测器的安装位置应在干燥、通风、不积水处，并应有（　　）措施。（参考3.3.2知识点）
   A. 防水　　B. 防潮　　C. 防腐　　D. 防风
4. 探测器等相关报警设备抽检的数量不应低于（　　），且不应少于（　　）台，数量少于3台时应全部检测。（参考3.4知识点）
   A. 20%　　B. 30%　　C. 3　　D. 5
5. 入侵报警系统设计时应结合风险防范要求和现场环境条件等因素，选择适当类型的设备和安装位置，构成（　　）或其组合的综合防护系统。（参考3.5知识点）
   A. 点　　B. 线　　C. 面　　D. 空间
6. 在重要区域和重要部位发出报警的同时应能对报警现场进行（　　）和（或）（　　）复核。（参考3.5知识点）
   A. 声音　　B. 动作　　C. 图像　　D. 行为
7. 周界的每个独立防区长度不宜大于（　　）m。（参考3.6.5知识点）
   A. 100　　B. 150　　C. 200　　D. 250
8. 需设置紧急报警装置的部位宜不少于（　　）个独立防区，每个独立防区的紧急报警装置数量不应大于（　　）个，保证报警的及时性。（参考3.6.5知识点）
   A. 2　　B. 3　　C. 4　　D. 5
9. 防护对象应在探测器的有效探测范围内，探测器覆盖范围内应无盲区，覆盖范围边缘与防护对象的距离宜大于（　　）m。（参考3.6.5知识点）
   A. 2　　B. 3　　C. 5　　D.7
10. 线缆由建筑物引出时，宜避开避雷针引下线，不能避开处两者平行距离应不小于（　　）m，交叉间距应不小于（　　）m。（参考3.6.6知识点）
    A. 0.5　　B. 1　　C. 1.5　　D. 2

三、简答题（5题，每题10分，合计50分）

1. 简述入侵报警设备安装的规定。（参考3.5知识点）
2. 简述探测设备的选型原则。（参考3.6.5知识点）
3. 简述探测设备的设置要求。（参考3.6.5知识点）
4. 简述控制设备的选型规定。（参考3.6.5知识点）
5. 简述控制设备的设置规定。（参考3.6.5知识点）

单元3　入侵报警系统工程常用标准简介

互动练习5　安全技术防范系统配置表

专业_____　　姓名_____　　学号_____　　成绩_____

GB 50314—2015《智能建筑设计标准》国家标准，该标准共18章，主要规范了建筑物中智能化系统的设计要求。在第5章住宅建筑设计中，安全防范配置应按表3-7的规定。

1. 填写表3-7中住宅建筑安全防范配置

表3-7　住宅建筑安全防范配置表

安全技术防范系统	住宅建筑	非超高层住宅建筑	超高层住宅建筑
	智能化系统		
	入侵报警系统		
机房工程	安防监控中心		

在第6章办公建筑设计中，安全防范配置应按表3-8的规定。

2. 填写表3-8中办公建筑安全防范配置

表3-8　办公建筑安全防范配置表

安全技术防范系统	办公建筑	通用办公建筑		行政办公建筑		
	智能化系统	普通办公建筑	商务办公建筑	其他	地市级	省部级及以上
	入侵报警系统					
机房工程	安防监控中心					
	安全防范综合管理平台系统					

在第12章教育建筑设计中，安全防范配置应按表3-9的规定。

3. 填写表3-9中教育建筑安全防范配置

表3-9　教育建筑安全防范配置表

安全技术防范系统	教育建筑	高等学校		高级中学		初级中学和小学	
	智能化系统	高等专科学校	综合性大学	职业学校	普通高级中学	小学	初级中学
	入侵报警系统						
机房工程	安防监控中心						
	安全防范综合管理平台系统						

互动练习6　入侵报警系统图形符号

专业_____　　姓名_____　　学号_____　　成绩_____

GA/T 74—2017《安全防范系统通用图形符号》行业标准，入侵报警系统的相关图形符号如表3-10所示。填写表中图形符号对应的名称或画出名称对应的图形符号。

表3-10　视频监控系统相关图形符号

编号	名称	英文	图形符号	说明
1		protective perimeter	●━━●━━━●━━●	防护周界
2		active infrared intrusion detector	Tx ---IR--- Rx	Tx代表发射机 Rx代表接收机
3		microwave interruption intrusion detector	Tx ---M--- Rx	Tx代表发射机 Rx代表接收机
4		vibration cable intrusion detector	T/R ---CV---	
5		pulse electronic fence	T/R ---TF---	
6		leaky cable intrusion detecting device	T/R ---LC---	
7	被动红外探测器	passive infrared detector		
8	微波多普勒探测器	microwave Doppler detector		
9	微波和被动红外复合入侵探测器	combine microwave and passive infrared intrusion detector		
10	振动入侵探测器	vibration intrusion detector		
11	声波探测器	acoustic detector		
12	振动声波复合探测器	combined vibration and airborne detector		
13	被动式玻璃探测器	passive glass-break detector		
14	磁开关入侵探测器	magnetic switch intrusion detector		
15		panic button switch	○	
16		emergency foot switch	✓	
17		audible and visual alarm	📢	
18		alarm control keyboard	ACK	

实训4　PCB基板接线端子端接训练

1. 实训任务来源

电线电缆是入侵报警系统常用的传输线缆，电线电缆PCB基板接线端子端接的不规范，将直接导致入侵报警系统信号不能传输，同时给日后的系统维护与检查带来很多麻烦。

2. 实训任务

每人独立完成32根不同线型、不同PCB基板接线端子的端接，并测试通过。

3. 技术知识点

（1）电线电缆的规格型号，RV电线指软电线，BV电线指硬电线。

（2）针对不同线径的电缆，应选用剥线钳不同的豁口进行剥线操作。

4. 关键技能

（1）利用剥线钳剥线时注意选择合理的剥线豁口，不要损伤线芯。

（2）多股软线拧紧时，注意应为顺时针方向拧紧。

（3）根据PCB基板接线端子端接方式，注意端接可靠牢固。

（4）掌握剥线钳、电烙铁的正确使用方法。

5. 实训课时

（1）该实训共计2课时完成，其中技术讲解和视频演示20 min，学员实际操作50 min，测试与评判10 min，实训总结、整理清洁现场10 min。

（2）课后作业2课时，独立完成实训报告，提交合格实训报告。

6. 实训指导视频

978-7-113-28652-1-实训4《PCB基板接线端子端接训练》（1分18秒）

视　频

PCB基板接线端子端接训练

7. 实训设备

"西元"智能报警系统实训装置，产品型号：KYZNH-02-2。

本实训装置专门为满足入侵报警系统的工程设计、安装调试等技能培训需求开发，配置有电工压接实训装置、电工电子端接实训装置等端接基本技能训练设备，特别适合学生认知和技术技能实操训练，能够在真实的应用环境中进行工程安装实践，理实合一。

如图3-7所示为西元电工压接实训装置。

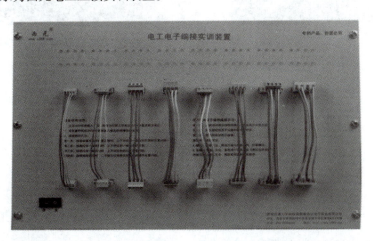

图3-7　电工电子端接实训装置

本装置特别适合 PCB 电路板输入/输出的端接技能实训，包括各种微型螺丝安装和免螺丝安装接线端子的安装技术。该设备为交流 220 V 电源输入，设备接线端子和指示灯的工作电压为≤12 V直流安全电压。

8. 实训材料和工具

实训材料：西元电工配线端接实训材料包。

实训工具：西元智能化系统工具箱，型号KYGJX-16。

9. 实训步骤

（1）预习和播放视频。课前应预习，初学者提前预习，反复观看实训指导视频，熟悉主要关键技能和评判标准。

（2）PCB基板接线端子端接步骤和方法。以多芯软线电缆的端接为例进行详细介绍。

第一步：裁线。取出多芯软线电缆，按照跳线总长度需要用剪刀裁线。

第二步：用剥线钳剥去线缆绝缘皮，露出线芯长度合适，如图3-8所示。

 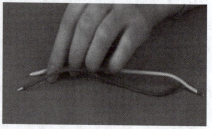

图3-8　用剥线钳剥除护套

第三步：将剥开的多芯软线用手沿顺时针方向拧紧，如图3-9所示。

第四步：用电烙铁给线芯两端搪锡，如图3-10所示。

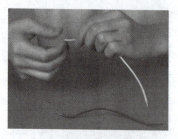 

图3-9　顺时针方向拧紧多芯软线　　　　图3-10　用电烙铁给线芯两端搪锡

第五步：线缆端接。如图3-11所示。

 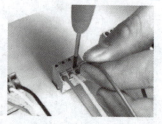

图3-11　螺丝式端接（左）和免螺丝式端接（右）

① 螺丝式端接方法。将线芯插入接线孔内，拧紧螺丝。

② 免螺丝式端接方法。首先用一字头螺丝刀将压扣开关按下，把线芯插入接线孔中，然后松开压扣开关即可。

第六步：压接线测试。

① 确认各组端接线安装位置正确，端接安装牢靠，线缆与接线端子可靠接触。

② 观察上下对应指示灯闪烁情况。

线缆端接可靠和位置正确时，上下对应的一组指示灯同时反复闪烁。

线缆任何一端开路时，上下对应的一组指示灯不亮。

线缆任何一端并联时，上下对应的指示灯反复闪烁。

线缆端接错位时，上下指示灯按照实际错位的顺序反复闪烁。

10. 评判标准

（1）每根电缆10分，32根跳线320分。测试线序不合格，直接给0分，操作工艺不再评价。

（2）操作工艺评价详见表3-11。

表3-11　PCB基板接线端子端接训练评判表

评判项目名称/编号	冷压接测试合格100分不合格0分	操作工艺评价（每处扣2分）					评判结果得分	排名
		电缆过长或过短	线芯损伤	剥除护套过长或过短	焊锡点有毛刺	端接不可靠		

11. 实训报告

按照单元1表1-2所示的实训报告要求和模板，独立完成实训报告，2课时。

岗位技能竞赛

为了给学生"学技能、练技能、比技能"的良好学习氛围，老师可组织学生进行岗位技能竞赛活动。通过岗位技能竞赛，提高学生学习的积极性和趣味性，更好地掌握该实训技能。

预赛：老师可根据学生人数进行分组，首先进行组内PK，建议每组4~5人。

1. 竞赛方式：组内每人制作6根端接跳线（其中3根安装在螺丝式接线端子上，3根安装在免螺丝式接线端子上），胜出者作为本组决赛代表。

2. 评比方式：以端接跳线合格数为主，制作速度为辅的原则进行评比，测试合格数量多且制作时间短者胜出。

决赛：每组的胜出者作为决赛代表，进行组间PK，选出最终优胜者，作为冠军。

1. 竞赛方式：完成电工压接实训装置上全部32根各种线缆的端接操作。

2. 评比方式：结合用时、操作的规范性及测试的合格数，综合实力最高者胜出。

单元 4

入侵报警系统工程设计

本单元重点介绍了入侵报警系统工程的设计原则、设计任务、设计方法，最后给出了典型工程设计案例。

学习目标：
- 熟悉入侵报警系统工程的相关设计原则、具体设计任务和设计要求。
- 掌握入侵报警系统工程的主要设计方法和内容。包括点数统计表、系统图、防区编号表、施工图、编制材料表、编制施工进度表等设计文件。

4.1 入侵报警系统工程设计原则和相关标准

4.1.1 入侵报警系统工程设计原则

入侵报警系统工程的设计应遵循以下原则：

1. 设计系统规模等综合防护措施

根据防护对象的风险等级和防护级别、环境条件、功能要求、安全管理要求和建设投资等因素，设计和确定系统的规模、系统模式及应采取的综合防护措施。例如，银行等单位属于高风险防护对象，需要采取入侵报警一级防护，达到入侵防区无盲区。

2. 设计设备安装位置与选型

根据建设单位提供的设计任务书、建筑平面图和现场勘察报告，进行防区的划分，设计和确定探测器、传输设备的安装位置和选型。例如，在银行入侵报警系统中，防区可划分为ATM区、现金交易区等多个防区，根据各防区的结构特点和设防区域等确定适合的探测器设备。

3. 设计系统配置和软件功能

根据防区的数量和分布、信号传输方式、集成管理要求、系统扩充要求等，设计和确定控制设备的配置和管理软件的功能。

4. 设计和规范系统的通用性

入侵报警系统工程应以规范化、结构化、模块化、集成化的方式实现，以保证设备的通用性与互换性。

4.1.2 入侵报警系统工程设计流程

GB 50394—2007《入侵报警系统工程设计规范》中规定，入侵报警系统工程的设计应按照

图4-1所示的流程进行。

对于新建建筑的入侵报警系统工程,建设单位应向入侵报警系统设计单位提供有关建筑概况、电气和管槽路由等设计资料。

图4-1 入侵报警系统工程设计流程图

4.1.3 入侵报警系统工程设计相关标准

在单元3中,已经专门介绍了入侵报警系统工程相关标准,在本单元再简单回顾与工程设计有关的下列标准:

1. GB 50314—2015《智能建筑设计标准》

该标准规定了各类智能建筑应具有的智能化功能、设计标准等级和必须配置的智能化系统;规定了建筑智能化系统工程设计应注重以智能化的科技功能与智能化系统工程的综合技术功效互相对应,从而规避功能模糊、方案雷同或盲目照搬和简单化倾向;要求在智能化系统工程建设完成后交付的使用期内,不断完善智能化综合技术功能,持续发挥有效作用。

2. GB 50348—2018《安全防范工程技术标准》

该规范是为了规范安全防范工程的设计、施工、检验和验收,提高安全防范工程的质量专门制定的设计规范,适用于新建、改建、扩建的安全防范工程。该规范也是安全防范工程建设的通用规范,是保证安全防范工程建设质量,维护公民人身安全和国家、集体、个人财产安全的重要技术保障。

安全防范是人防、物防、技防的有机结合,该规范主要对技术防范系统的设计、施工、检验、验收做出了基本要求和规定,涉及物防、人防的要求由相关的标准或法规做出规定。

3. GB 50394—2007《入侵报警系统工程设计规范》

该规范是GB 50348—2018《安全防范工程技术标准》的配套标准,也是安全防范系统工程建设的基础性标准之一。本规范对入侵报警系统的相关概念进行了详细阐述,包括入侵报警系统的相关术语、系统结构等,并对入侵报警系统工程的设计做了详细规定,包括系统设计、设备选型与设置、传输方式、线缆选型与布线、供电、防雷与接地、系统安全性、可靠性、电磁兼容性、环境适应性、监控中心等。

4.2 入侵报警系统工程的主要设计任务和要求

4.2.1 入侵报警系统工程的主要设计任务

入侵报警系统工程的主要设计任务包括以下内容:

(1)设计任务书的编制。

(2)现场勘察。

(3)初步设计。

(4)方案论证。

（5）正式设计。包括设计施工图和编制相关技术文件。

下面按照《入侵报警系统工程设计规范》和《安全防范工程技术标准》等标准规定，结合作者实际工程设计经验，介绍入侵报警系统工程的主要设计任务和具体要求。

4.2.2 设计任务书要求

在入侵报警系统工程设计前，建设单位应根据安全防范需求，提出设计任务书。设计任务书应包括以下内容：

1. 任务来源

任务来源包括由建设单位主管部门下达的任务、政府部门要求的任务、建设单位自提的任务，任务类型可分为新建、改建、扩建、升级等。

2. 政府部门的有关规定和管理要求（含防护对象的风险等级和防护级别）

应遵循国家和行业的相关现行标准，被防护对象的风险等级应与相关标准规定相一致，系统的防护级别应与被防对象的风险等级相适应。例如，银行、博物馆等单位属于高风险等级防护对象，其防护级别应为一级防护。

3. 建设单位的安全管理现状与要求

建设单位的安全管理现状与要求应根据建设单位的周边环境、规模布局、业务性质和防范目的要求等实际情况确定。例如，需要防护的目标，重点评估要保护的生命、财产以及机密等的安全所在。警勤配置，重点评估现有警戒防卫和应急处置能力等人防措施。

4. 工程项目的内容和要求

需要提出项目防范功能、性能要求和指标等要求，包括项目功能和性能指标、防护目标和区域、监控中心要求、培训和维修服务等。例如，入侵报警中心不仅要有建筑要求、设施设备要求、防护要求，还应明确预定位置、操作与值班人员配置等。当围墙周界禁止人员接近时，应明确周界形状与长度、能够应对人的各种可能的接近方式、接近极限、报警要求、人防反应时间等。

5. 建设工期

入侵报警系统工程的建设周期长，项目多，包括前期的现场勘察、方案设计、施工图设计、文件编制、施工安装、检验、验收竣工和培训等多个阶段，建设工期也就需要相应的规划和确定。如果仅要求承建单位的工期，可自合同签字日起直至完成移交作为工期要求，并制订出阶段性进度计划。

6. 工程投资及资金来源

入侵报警系统工程建设费用通常包括设计费用、器材设备费用、安装施工费用、检测验收费用等，建设经费要进行控制、核算，建设方要求各相关单位提供计算费用清单和相应说明，同时，建设单位需对资金来源做出必要说明。

4.2.3 现场勘查

现场勘查包括以下内容：

（1）入侵报警系统工程设计前，设计单位和建设单位应进行现场勘察并编制现场勘察报告。现场勘察报告应包括下列内容：

① 进行现场勘察时，对相关勘察内容做好书面的勘察记录。

② 根据现场勘察记录和设计任务书的要求，对系统的初步设计方案提出的建议。

③ 现场勘察报告参与方授权人签字，并且作为正式设计文件存档。

（2）现场勘察应符合GB 50348—2018《安全防范工程技术标准》现行国家标准的相关规定：

① 全面调查和了解被防护对象本身的基本情况。

② 被防护对象的风险等级与所要求的防护等级。

③ 被防护对象的物防设施能力与人防组织管理概况。

④ 被防护对象所涉及的各建筑物的基本概况，包括建筑平面图、功能分配图、通道、门窗、管道、墙体及周边情况等。

⑤ 调查和了解被防护对象所在地及周边的环境情况，例如了解防护对象所在地以往发生的有关案件、周边噪声及振动等环境情况。

（3）按照纵深防护的原则，草拟布防方案，拟定周界、防护区、禁区的位置，并对布防方案所确定的防区进行现场勘察，包括周界区勘察、周界内勘察、施工现场勘察等。

4.2.4 初步设计

1. 初步设计依据

（1）相关法律法规和国家现行标准。

（2）工程建设单位或其主管部门的有关管理规定。

（3）设计任务书。

（4）现场勘察报告、相关建筑图纸及资料。

2. 初步设计内容

（1）建设单位的需求分析与工程设计的总体构思。例如，防护体系的构架和系统配置、系统的防护等级、局部纵深防护还是整体纵深防护等。

（2）防护区域的划分、前端设备的布设与选型，包括探测器在各个防区的布设安装位置、选择何种技术的探测器等。选型中应根据它们各自不同的分类及特点，选取合适的设备，具体可参考单元2相关内容。例如，在门窗防区可选择磁开关探测器，在边界围墙区域可选择主动红外探测器等。

（3）中心设备的选型，包括控制主机、显示设备、记录设备等。例如，根据系统规模的大小确定报警控制主机的类型，一般家庭、小型企业办公场所等选用小型报警主机即可满足其需求。

（4）信号的传输方式、路由及管线敷设说明。例如，根据现场的布线环境，确定是采用有线传输方式还是无线传输方式。当系统采用分线制时，宜采用不少于5芯的通信电缆，每芯截面不宜小于$0.5\ mm^2$。

（5）入侵报警中心的选址、面积、温湿度、照明等要求和设备布局。例如GB 50348—2018《安全防范工程技术标准》国家标准中规定，监控中心的面积应与安防系统的规模相适应，一般应不小于$20\ m^2$，应有保证值班人员正常工作的相应辅助设施，如设置饮水设施、卫生间和办公家具等，其他具体要求可参考单元3相关国家标准的规定和要求。入侵报警系统控制主机宜首先安装在园区或者建筑物的监控中心。

（6）系统安全性、可靠性、电磁兼容性、环境适应性、供电、防雷与接地等的说明。例如，设置在室外的设备、部件、材料，应根据现场环境要求做防晒、防淋、防冻、防尘、防浸泡等设计。

（7）与其他系统的接口关系，如联动、集成方式等。

（8）系统建成后的预期效果说明和系统扩展性的考虑。

（9）对人防、物防的要求和建议，如操作与值班人员配置等。

（10）售后服务与技术培训计划与承诺。

3. 初步设计文件

初步设计文件包括设计说明、设计图纸、主要设备器材清单、工程概算书等。文件的编制要求如下：

（1）设计说明应包括工程项目概述、设防策略、系统配置及其他必要的说明。

（2）设计文件包括系统点数表、防区编号表等。

（3）设计图纸应包括系统图、施工图、入侵报警（监控）中心布局图及必要说明。

4. 设计图纸规定

设计图纸应符合下列规定：

（1）图纸应符合国家制图相关标准的规定，标题栏应完整，文字应准确、规范，应有相关人员签字，设计单位盖章。

（2）图例应符合GA/T 74—2017《安全防范系统通用图形符号》等现行标准的规定。

（3）平面图应标明尺寸、比例和指北针。

（4）在平面图中应包括设备名称、规格、数量和其他必要的说明。

5. 入侵报警系统图内容

（1）主要设备类型及配置数量。

（2）信号传输方式、线缆走向和与设备的连接关系。

（3）供电方式。

（4）接口方式，含与其他系统的接口关系等。

6. 入侵报警系统工程施工平面图内容

（1）报警主机、警号等设备的安装位置。

（2）各种探测器等前端设备的安装位置、设备类型和数量等。

（3）线缆走向设计、主干线缆路由和说明标注。

（4）对安装部位有特殊要求的，宜提供详细的安装图等工艺图纸等。

7. 主要设备材料清单

主要设备材料清单应包括设备材料名称、规格、数量，编制项目材料表等。

8. 编制工程概算书

按照工程内容，根据GA/T 70—2014《安全防范工程建设与维护保养费用预算编制办法》等现行相关标准的规定，编制工程概算书。

4.2.5 设计方案论证

工程项目签订合同、完成初步设计后，应由建设单位组织相关人员对初步设计进行方案论证。风险等级较高或建设规模较大的安防工程项目应在前期规划阶段进行方案论证。

1. 方案论证应提交的资料

（1）设计任务书。

（2）现场勘察报告。

（3）初步设计文件。包括系统点数表、防区编号表、系统图等。

（4）主要设备材料的型号、生产厂家、检验报告或认证证书。

2. 方案论证应包括的内容

（1）系统设计是否符合设计任务书的要求。

（2）系统设计的总体构思是否合理。例如，系统的防区划分是否合理，各防区探测器的选型是否合理。

（3）设备的选型是否满足现场适应性、可靠性的要求。例如，现场防区探测器的安装方式是否符合现场环境、安装是否可靠等。

（4）系统设备配置是否符合防护级别的要求。例如，对银行、博物馆等高风险防护对象是否采取了一级防护措施，是否存在防护盲区等。

（5）信号的传输方式、路由及管线敷设是否合理。例如，系统管线走向是否合理，避让了强电和干扰源等。管线敷设路由是否最佳和安全。

（6）系统安全性、可靠性、电磁兼容性、环境适应性、供电、防雷与接地是否符合相关标准的规定。

（7）系统的可扩展性、接口方式是否满足使用要求。例如，各个连接设备之间的接口是否对应，设备的接口是否有冗余等。

（8）初步设计文件是否完整，符合相关标准规定。

（9）工期符合工程实际情况，满足建设单位的要求，提供施工进度表。

（10）工程概算是否合理。

（11）售后服务承诺和培训内容是否可行。

方案论证应对论证的内容做出客观评价，明确给出通过、基本通过、不通过的结论，并且提出整改意见，并经建设单位确认后完善。

4.2.6 正式施工图设计和施工文件编制

施工图设计的主要依据如下：

（1）初步设计文件。

（2）方案论证中提出的整改意见和措施。施工设计文件应包括设计说明、设计图纸、主要设备材料清单和工程预算书。

（3）施工设计文件应符合以下规定：施工图设计说明应包括设备材料的施工工艺说明、管线敷设说明等，例如明确各种探测器的安装方式，系统的管线敷设路由是明装还是暗装，是否为最佳和安全路由等。

（4）施工图应包括系统图、平面图、报警中心布局图及必要说明。

① 系统图设计和说明。系统图应在初步设计的基础上，完善系统配置的详细内容，标注设备数量、接线图、供电设计等，具体可见4.3节入侵报警系统工程的主要设计方法的相关内容。

② 平面图设计和说明。平面图就是入侵报警系统的各防区的安装施工图纸，具体详见4.3节入侵报警系统主要设计方法的相关内容。平面图应包括下列内容：

● 前端设备设防图应正确标明设备安装位置、安装方式和设备编号等。

● 前端设备设防图可根据需要提供安装说明和安装大样图。图4-2所示为超声波探测器的布置示意图。

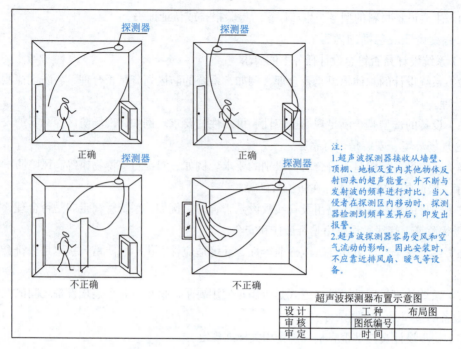

图4-2 超声波探测器的布置示意图

• 管线敷设图应标明管线的敷设安装方式、型号、路由、数量、出线盒的位置高度等。分线箱应根据需要，标明线缆的走向、端子号，并根据要求在主干线路上预留适当数量的备用线缆，并列出材料统计表。

③ 报警中心布局图设计和说明。报警中心布局图应包括以下内容：

• 报警中心的平面图应标明控制台和显示设备的位置、外形尺寸、边界距离等。

• 根据人机工程学原理，确定控制台、显示设备、机柜等设备的位置、尺寸。例如，报警系统操作控制台一般为琴键台式，总高度一般为1.3 m左右，不宜太高，要求操作人员在坐姿情况下能够发现报警指示信号，并能实现及时的报警处理，如呼叫报警区域保安人员等。操作台面高度一般与普通工作台高度相同，宜为0.75 m。

• 根据控制台、显示设备、设备机柜及操作位置的布置，标明监控中心内管线走向、开孔位置。

• 标明设备连线和线缆的编号。例如，对信号线缆做标签，使其与前端探测器的编号相对应，便于系统的调试和维护等。

• 说明对地板敷设、温湿度、风口、灯光等装修要求。

4.3 入侵报警系统工程的主要设计方法

4.3.1 编制入侵报警探测器点位数量统计表

编制入侵报警探测器点位数量统计表（以下简称点数表）的目的是快速准确地统计建筑物需要安装探测器的位置与数量。设计人员为了快速合计和方便制表，一般使用Microsoft Excel工作表软件。编制点数表的要点如下：

（1）表格设计合理。要求表格打印成文本后，表格的宽度和文字大小合理，特别是文字不能太大或者太小，一般为小四号或者五号。

（2）数据正确。建筑物每个设防区域需要安装探测器的位置和数量都必须填写正确，没有漏点或多点。

（3）文件名称正确。作为工程技术文件，文件名称必须准确，能够直接反映该文件内容。

（4）签字和日期正确。作为工程技术文件，编写、审核、审定、批准等人员签字非常重要，如果没有签字就无法确认该文件的有效性，也没有人对文件负责，更没有人敢使用。日期直接反映文件的有效性，因为在实际应用中，可能会经常修改技术文件，一般是最新日期的文件替代以前日期的文件。

下面通过点数表实际编写过程来学习和掌握编制方法。具体编制步骤如下：

1. 创建工作表

首先打开Microsoft Office Excel 工作表软件，创建1个通用表格，如图4-3所示。同时必须给文件命名，文件命名应该直接反映项目名称和文件主要内容。下面以单元1中典型案例西元科技园入侵报警系统为例，学习和掌握编制点数表的基本方法。这里把该文件命名为"西元科技园入侵报警系统探测器安装位置和点位数量统计表"。

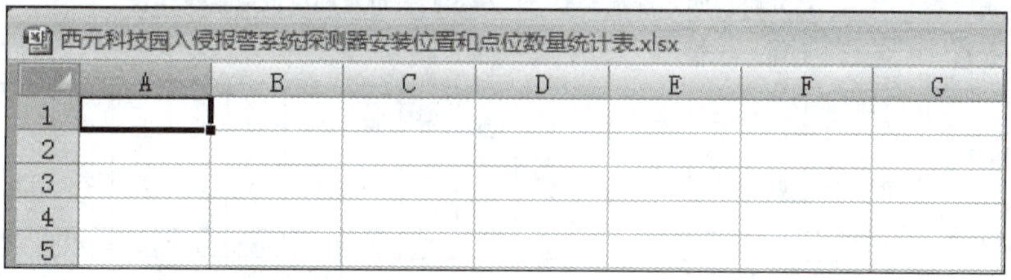

图4-3　创建点数表初始图

2. 编制表格，填写栏目内容

需要把这个通用表格编制为适合人们使用的点数表，通过合并行、列进行。图4-4所示为已经编制好的空白点数表。

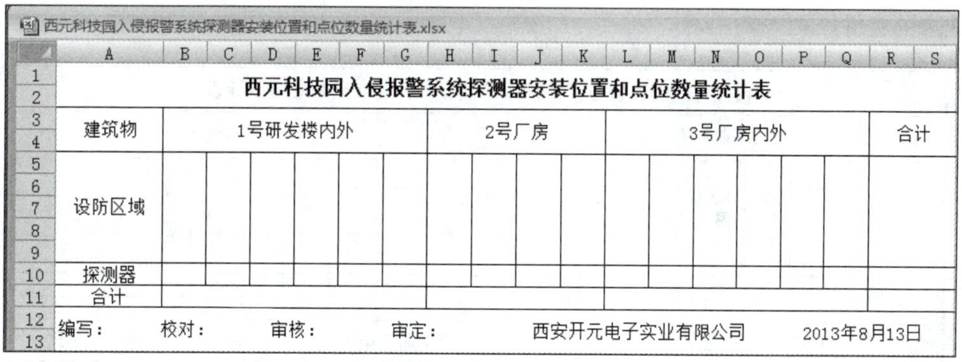

图4-4　空白点数表

3. 填写设防区域名称和探测器数量

根据实际设防需要，对建筑物进行防区的划分，并将各防区的名称及对应防区的探测器数量填写到表格当中。图4-5所示为填写完成的表格。

	A	B	C	D	E	F	G	H	I	J	K	L	M	N	O	P	Q	R	S
1	西元科技园入侵报警系统探测器安装位置和点位数量统计表																		
2																			
3	建筑物	1号研发楼内外					2号厂房				3号厂房内外					合计			
4																			
5	设防区域	西入口	西北办	西南办	东南办	东北办	东入口	办公室	西入口	南边界	东入口	办公室	西入口	北入口	北边界	南边界	东入口		
6																			
7																			
8																			
9																			
10	探测器	2	2	4	3	3	2	2	3	2	1	2	3	1	3	2	1		
11	合计																		
12	编写:	校对:		审核:		审定:		西安开元电子实业有限公司						2013年8月13日					
13																			

图4-5 填好信息的点数表

4. 合计数量

在合计栏统计防区数量和探测器数量，完成点数表，如图4-6所示。该入侵报警系统共计有16个防区、36个探测器。

	A	B	C	D	E	F	G	H	I	J	K	L	M	N	O	P	Q	R	S
1	西元科技园入侵报警系统探测器安装位置和点位数量统计表																		
2																			
3	建筑物	1号研发楼内外					2号厂房				3号厂房内外					合计			
4																			
5	设防区域	西入口	西北办	西南办	东南办	东北办	东入口	办公室	西入口	南边界	东入口	办公室	西入口	北入口	北边界	南边界	东入口	16个防区	
6																			
7																			
8																			
9																			
10	探测器	2	2	4	3	3	2	2	3	2	1	2	3	1	3	2	1		
11	合计	16					8				12					36			
12	编写:	校对:		审核:		审定:		西安开元电子实业有限公司						2013年8月13日					
13																			

图4-6 完成的点数表

5. 打印和签字盖章

完成点数表编写后，打印该文件，并且签字确认，正式提交时必须加盖印章。图4-7所示为打印出来的文件。

西元科技园入侵报警系统探测器安装位置和点位数量统计表																	
建筑物	1号研发楼内外						2号厂房				3号厂房内外					合计	
设防区域	西入口	西北办	西南办	东南办	东北办	东入口	办公室	西入口	南边界	东入口	办公室	西入口	北入口	北边界	南边界	东入口	16个防区
探测器	2	2	4	3	3	2	2	3	2	1	2	3	1	3	2	1	
合计	16						8				12					36	
编写:	校对:		审核:		审定:		西安开元电子实业有限公司						2013年8月13日				

图4-7 打印的点数表文件

点数表在工程实践中是常用的统计和分析方法，也适合综合布线系统、智能楼宇系统等各种工程应用。

4.3.2 设计入侵报警系统图

点数表非常全面地反映了该项目入侵报警系统探测器的安装位置和点位数量，但不能反映各种设备的连接关系,这样就需要通过设计入侵报警系统图来直观反映。

入侵报警系统图能够快速和清晰地展示该系统的主要组成部分和连接关系。它简明地标识出了前端设备、传输设备、控制设备、显示记录设备,以及各种设备之间的连接关系。图4-8所示为西元科技园入侵报警系统图。

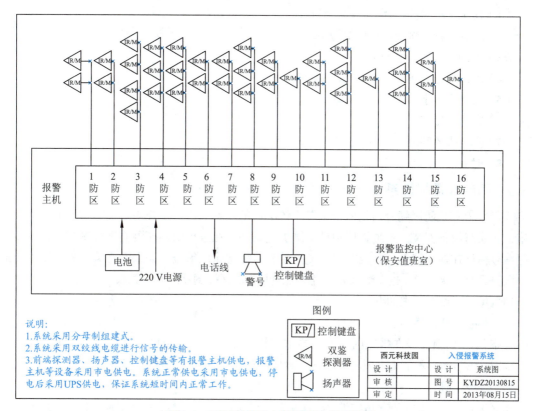

图4-8 西元科技园入侵报警工程系统图

入侵报警系统图的设计要点如下:

1. 图形符号必须正确

在设计系统图时,必须使用规范的图形符号,保证其他技术人员和现场施工人员能够快速读懂图纸,并且在系统图中给予说明,不要使用奇怪的图形符号。

2. 连接关系清楚

入侵报警系统图规定了各个报警防区探测器的连接关系,因此必须按照相关标准规定,清楚地给出各设备之间的连接关系,即前端设备与控制设备、控制设备与显示记录设备等之间的连接关系,这些连接关系实际上决定了入侵报警系统拓扑图。

3. 说明完整

系统图设计完成后,必须在图纸的空白位置增加设计说明。设计说明一般是对图的补充,帮助理解和阅读图纸,对图中的符号给予说明等。

4. 图面布局合理

任何工程图纸都必须注意图面布局合理、比例合适、文字清晰。一般布置在图纸中间位置。在设计前根据设计内容,选择图纸幅面,一般有A4、A3、A2、A1、A0等标准规格,例如,A4幅面高297 mm,宽210 mm;A0幅面高841 mm,长1 189 mm。在智能建筑设计中也经常使用加长图纸。

5. 标题栏完整

标题栏是任何工程图纸都不可缺少的内容，一般在图纸的右下角。标题栏一般至少包括以下内容：

（1）建筑工程名称。例如，西元科技园。
（2）项目名称。例如，入侵报警系统。
（3）图别。例如，系统图。
（4）图纸编号。例如，KYDZ20130815。
（5）设计人签字。
（6）审核人签字。
（7）审定人签字。
（8）时间。

4.3.3 编制入侵报警系统防区编号表

入侵报警系统防区编号表是入侵报警系统必需的技术文件，主要规定报警防区的编号，用于施工布线与设备安装、系统管理和日常维护。例如，在进场前对探测器进行测试时，直接将防区编号标记在探测器上，布线时在线缆两端直接标记防区编号。如果没有编号表，就不知道每个探测器的安装位置，也无法区分大量的线缆与各防区探测器的对应关系。

防区编号表编制要求如下：

1. 表格设计合理

一般使用A4幅面竖向排版的文件，要求表格打印后，表格宽度和文字大小合理，编号清楚，特别是编号数字不能太大或者太小，一般使用小四或者五号字。

2. 编号正确

防区编号一般按数字顺序依次编号，每个防区对应1个防区编号，一一对应，便于管理维护。

3. 文件名称正确

文件名称必须准确，能够直接反映该文件的内容。

4. 正确编制防区编号表

根据点数表确定的探测器安装位置和点位数量，逐一编制防区编号表，不能漏掉任何一个防区和点位。后续进行系统布防设置时，必须保证控制键盘显示屏上的防区编号与防区编号表中的防区编号完全一致，这样方便监控和管理。图4-9所示为已经审定的防区编号表。

西元科技园入侵报警系统防区编号表															
建筑物	1号研发楼内外						2号厂房				3号厂房内外						合计
设防区域	西入口	西北办	西南办	东南办	东北办	东入口	办公室	西边界	南边界	东入口	办公室	西入口	北入口	北边界	南边界	东入口	16个防区
探测器	2	1	4	3	3	2	3	2	2	1	2	3	1	3	2	1	36
合计	16						8				12						36
防区编号	1	2	3	4	5	6	7	8	9	10	11	12	13	14	15	16	
编写： 校对： 审核： 审定： 西安开元电子实业有限公司 2013年8月13日																

图4-9 西元科技园入侵报警系统防区编号表

5. 签字和日期正确

作为工程技术文件，编写、审核、审定、批准等人员签字非常重要，如果没有签字就无法确认该文件的有效性，也没有人对文件负责，更没有人敢使用。

4.3.4 设计施工图

完成前面的点数表、系统图和防区编号表后，入侵报警系统的基本结构和连接关系已经确定，需要进行布线路由设计，因为布线路由取决于建筑物结构和功能，布线管道一般安装在建筑立柱和墙体中。

施工图设计的目的就是规定布线路由在建筑物中安装的具体位置，一般使用平面图。图4-10所示为西元科技园入侵报警系统3号楼一层施工图。

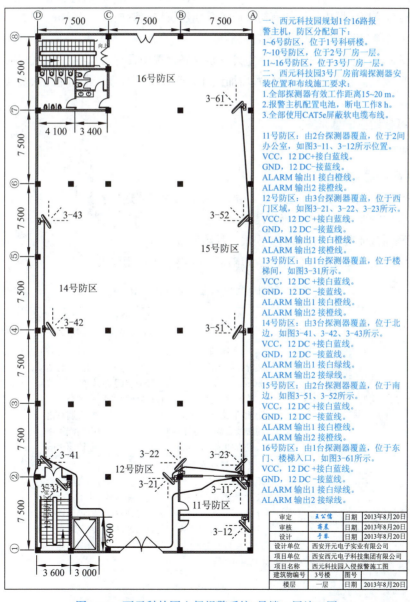

图4-10　西元科技园入侵报警系统3号楼一层施工图

施工图设计的一般要求和注意事项如下：

（1）图形符号必须正确。施工图设计的图形符号，首先要符合相关建筑设计标准和图集规定。

（2）布线路由合理正确。施工图设计了全部缆线和设备等器材的安装管道、安装路径、安装位置，也直接决定工程项目的施工难度和成本。布线路由设计前需要仔细阅读建筑物的土建施工图、水电施工图、网络施工图等相关图纸，熟悉和了解建筑物主要水管、电管、气管等路由和位置，并且尽量避让这些管线。

（3）位置设计合理正确。在施工图设计中，必须清楚标注探测器的安装位置与方向，包括安装高度等。特别注意下列情况：

① 根据探测器的探测原理、防区范围等，确认探测器合理的安装方向与高度等。

② 探测器与监控区域中间不能有树枝或者其他建筑构建遮挡。

③ 不要在光源或者强电箱附近安装探测器。

④ 室内安装时，选用室内探测器。室外安装时必须选用具有防水和防尘功能的探测器。

（4）说明完整。在图纸的空白位置增加设计说明和图形符号，帮助施工人员快速读懂设计图纸。

（5）图纸标题栏信息完整。

4.3.5 编制材料统计表

1. 常用探测器的选型

探测器的选型应按照以下规定。表4-1所示为常用探测器选型表。

（1）根据防护要求和特点选择探测器。

（2）探测器应能避免干扰，减少误报，杜绝漏报。

（3）探测器的灵敏度、设防距离、覆盖面积应能满足使用要求。

表4-1 常用入侵探测器选型表

名 称	适应场所	主要特点	安装设计要点	适宜工作的环境和条件	不适宜工作的环境和条件	主要探测技术
超声波多普勒探测器	室内空间型	没有死角，成本低	（1）吸顶水平安装时，距地宜小于3.6 m。（2）壁挂安装时距地约2.2 m，透镜的法线方向宜与可能入侵方向成180°角	警戒空间要有较好的封闭性	封闭性差的室内；有活动物的环境；环境嘈杂，附近有金属打击声、汽笛声、电铃等声响	智能鉴别技术
微波多普勒探测器	室内空间型	不受声、光、热的影响	（1）壁挂安装时距地1.5~2.2 m，严禁对着房间的外墙、外窗。（2）透镜的法线方向宜与可能入侵方向成180°角	适合噪声较大、光或热变化较大的环境	有活动物的环境；高频电磁场环境；防护区域有大型遮挡物体	平面天线技术。智能鉴别技术

续表

名称	适应场所	主要特点	安装设计要点	适宜工作的环境和条件	不适宜工作的环境和条件	主要探测技术
被动红外探测器	内空间型	被动式，功耗低，可靠性较好，多台交叉使用互不干扰	（1）吸顶水平安装时，距地宜小于3.6 m。（2）壁挂安装时，距地约2.2 m，透镜的法线方向宜与入侵方向成90°角。（3）楼道安装时，距地约2.2 m。（4）幕帘安装时，在顶棚与立墙拐角处，透镜的法线方向宜与窗户平行	有环境噪声，温度在15～25℃时探测效果最佳。幕帘安装时，内窗台较大	背景有冷热变化，强光间歇照射等。背景温度接近人体温度。强电磁场干扰。幕帘安装时，内窗台较小，与窗户平行的墙面有遮挡或紧贴窗帘安装	自动温度补偿技术；抗小动物干扰技术；防遮挡技术。抗强光干扰技术。智能鉴别技术
微波和被动红外复合探测器	室内空间型	误报警少，可靠性较好	（1）吸顶水平安装时，距地宜小于4.5 m。（2）壁挂安装时，距地约2.2 m，透镜的法线方向宜与入侵方向成135°角。（3）楼道安装时，距地约2.2 m	有环境噪声，温度在15～25℃时探测效果最佳	背景温度接近人体温度。小动物频繁出没场合等	双-单转换型。自动温度补偿技术。抗小动物干扰技术。防遮挡技术。智能鉴别技术
被动式玻璃破碎探测器	室内空间型等	仅对玻璃破碎等高频声响敏感	保护的玻璃应在探测器保护范围之内，靠近保护玻璃附近的墙壁或天花板上	有环境噪声	环境嘈杂，附近有金属打击声、汽笛声、电铃等高频声响	智能鉴别技术
振动探测器	室内、室外	被动式	（1）墙壁、天花板、玻璃。（2）室外地面表层物下面、保护栏网或桩柱，最好与防护对象实现刚性连接	远离振动源	板结的冻土或松软的泥地上。有振动或环境过于嘈杂的场合	智能鉴别技术
主动红外探测器	室内、室外	红外脉冲，隐蔽性较好	红外光路无阻挡物。严禁阳光直接照收机透镜内。防止入侵者越过光路侵入	室内周界控制室外气候干燥	室外气候恶劣。动物出没的场所。灌木丛或树枝较多的地方	智能鉴别技术
遮挡式微波探测器	室内、室外、周界	受气候影响小	高度应一致，一般为设备垂直作用高度的一半	无高频电磁场存在场所。收发机间无遮挡物	高频电磁场存在的场所。收发机间有可能有遮挡物	智能鉴别技术
振动电缆探测器	室内、室外	可与室内外各种实体周界配合使用	在围栏、房屋墙体、围墙内侧或外侧高度的2/3处，网状围栏上安装应满足产品安装要求	非嘈杂振动环境	嘈杂振动环境	智能鉴别技术

91

续表

名　　称	适应场所	主要特点	安装设计要点	适宜工作的环境和条件	不适宜工作的环境和条件	主要探测技术
泄漏电缆入侵探测器	室内、室外	随地形埋设、可埋入墙体	埋入地域应尽量避开金属堆积物	两探测电缆间无活动物体、无高频电磁场	高频电磁场存在场所。两探测电缆间有灌木等活动物体	智能鉴别技术
磁开关探测器	门窗、抽屉	体积小、可靠性好	舌簧管固定在框上，磁铁安装在门窗等活动部位，宜安装在产生位移最大的两个位置，其间距应满足产品安装要求	无强磁场存在场所	强磁场存在情况	宜选用门窗专用门磁开关
紧急报警装置	室内工作台	人工手动、脚踏触发报警	安装金融场所、值班室、收银台等，在紧急情况下人员比较容易可靠触发的位置。注意要隐蔽安装	日常工作环境	非工作人员容易触发或者误按的位置	触发报警后自锁，需人工钥匙复位

2. 报警中心设备选型

报警中心主要设备为报警主机、控制键盘、警号、警灯等，用于对前端数十个探测器的接入、布防、撤防、报警信号的处理等。要求报警信号能够实时传输，能够实时显示报警防区，快速处理报警信息、操作键盘远程控制等，操作简单、快捷。

3. 传输线缆选型

传输线路主要包括双绞线电缆、供电线路及其配套的一些辅助材料等，用于将园区各探测器的报警信号传输到入侵报警中心等。要求数据传输线缆能够高质量、快速地传输相关数据信息。供电线缆能够给设备持续稳定供电，线缆走线方便合理等。

4. 编制材料表

材料表主要用于工程项目材料采购和现场施工管理，一般在施工方内部，必须详细写清楚全部主材料、辅助材料和消耗材料等。

编制材料表的一般要求：

（1）表格设计合理：一般使用A4幅面竖向排版的文件，要求表格打印后，表格宽度和文字大小合理，编号清楚，特别是编号数字不能太大或者太小，一般使用小四或者五号字。

（2）文件名称正确：材料表一般按照项目名称命名，要在文件名称中直接体现项目名称和材料类别等信息，文件名称为"西元科技园入侵报警系统工程材料表"。

（3）材料名称和型号准确：材料表主要用于材料采购和现场管理，因此材料名称和型号必须正确，并且使用规范的名词术语。例如，双绞线电缆不能只写"网线"，必须清楚地标明是超5类电缆还是6类电缆，是屏蔽电缆还是非屏蔽电缆等。重要项目甚至要规定设备的外观颜色和品牌，因为每个产品的型号不同，往往在质量和价格上有很大差别，对工程质量和竣工验收有直接的影响。

（4）材料规格、数量齐全：入侵报警系统工程实际施工中，涉及线缆、配件、消耗材料等很多品种或者规格,材料表中的规格、数量必须齐全。如果缺少一种材料或材料数量不够,就可能影响施工进度,也会增加采购和运输成本。

(5)签字和日期正确:编制的材料表必须有签字和日期,这是工程技术文件不可缺少的。

表4-2所示为西元科技园入侵报警系统工程材料表。

表4-2　西元科技园入侵报警系统工程材料表

序　号	设备名称	规格型号	数　量	单　位	品　牌
1	报警控制主机	2316PLUS	1	台	霍尼韦尔
2	报警控制键盘	2316PLUS LED	1	台	霍尼韦尔
3	双鉴探测器	YH-802C	36	个	远航
4	高音警号	ES-626 DC12V	1	个	远航
5	电线	红、蓝、黄、绿RV0.5	各300	米	西元
6	网络双绞线	超五类非屏蔽	5	箱	西元

4.3.6　编制施工进度表

根据具体工程量大小,科学合理地编制施工进度表,可依据系统工程结构,把整个工程划分为多个子项目,循序渐进,依次执行。施工过程中也可根据实际施工情况,做出合理调整,把握项目工期,按时完成项目施工。图4-11所示为西元科技园入侵报警系统工程施工进度表。

项目名称：西元科技园入侵报警系统													文件编号：	
工种工序	日期（2013年9月）													
	1	2	3	4	5	6	7	8	9	10	11	12	13	
埋管布线	━━━━━━━━━━━━━													
设备安装									━━━━━━━					
系统调试												━		
编制：	校对：		审核：		审定：		西安开元电子实业有限公司				时间：2013年8月25日			

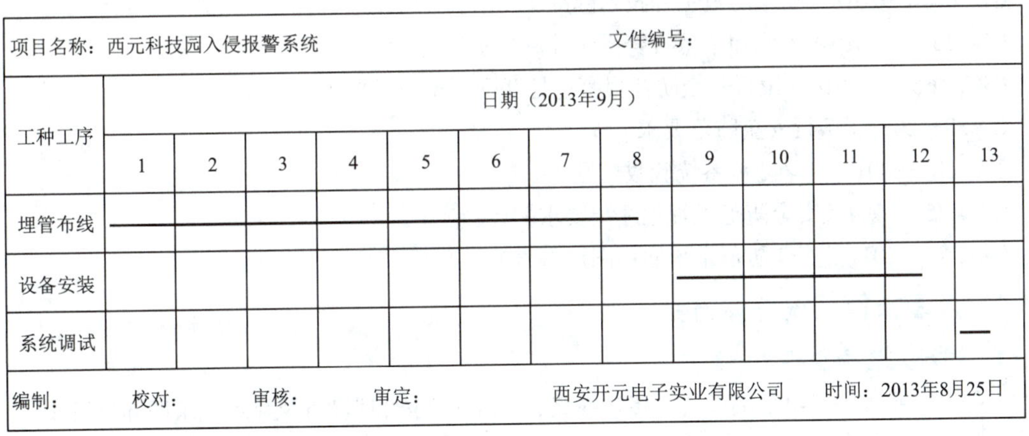

图4-11　西元科技园入侵报警系统工程施工进度表

4.4　典型案例2　银行入侵报警系统工程设计

4.4.1　项目背景

银行属于重点安全防范单位,它具有规模多样、重要设施繁多、出入人员复杂等特点。其业务涉及大量的现金、有价证券及贵重物品等,全面加强银行安全防范系统至关重要。

4.4.2　需求分析

1. 环境状况

该银行办公场所为地上一层,建筑面积154.25 m²,属钢筋混凝土框架结构。一楼内设5个现金柜台，4个非现金柜台。根据以上功能要求分为现金柜台交易区、大厅服务区，具体详见平面布局图。根据GA 38—2021《银行安全防范要求》，该支行按二级风险防护工程进行设计、施工，提出防护需求。

2. 项目概述

银行入侵报警系统设计主要是针对夜间非法入侵的行为及营业时间抢劫行为及时报警制止，建立有效的安防体系，系统采用可靠性高产品，具有防破坏的功能，断路、短路、拆装均可报警。保持完好的一致性，可兼容其他可选设备，具有先进性同时有较高的性价比。

系统由一套报警主机组成，该报警主机通过电话线与110报警中心联网，在营业大厅、营业内厅、ATM室、机房安装双鉴探测器，ATM机安装震动探测器，现金柜台及非现金柜台安装紧急按钮开关。

4.4.3 设计依据

本设计方案以该支行实际情况及要求为基础，标签遵守以下标准：
GB 50314—2015《智能建筑设计标准》
GB 50606—2010《智能建筑工程施工规范》
GB 50339—2013《智能建筑工程质量验收规范》
GB 50394—2007《入侵报警系统工程设计规范》
GB 50348—2018《安全防范工程技术标准》
GB 12663—2019《入侵和紧急报警系统控制指示设备》
GB/T 16676—2010《银行安全防范报警监控联网系统技术要求》
GA 38—2021《银行安全防范要求》
GA 308—2001《安全防范系统验收规则》
GA/T 75—1994《安全防范工程程序与要求》
GA/T 74—2017《安全防范系统通用图形符号》

4.4.4 入侵报警系统总体方案设计

1. 银行入侵报警系统的组成

入侵报警系统一般由前端设备、传输线路、处理/控制/管理设备及显示记录四部分组成。

前端设备由安装在各防区内的入侵探测器以及紧急按钮开关等组成，负责相应防区入侵信号的探测和处理。

传输设备采用RV0.5电线进行报警信号的传输，它负责把探测的入侵报警信号传输到报警中心的报警主机上。

处理/控制/管理设备主要实施布防、撤防，并对探测器的信号进行处理，判断是否应该产生报警状态等功能。

显示记录设备直观显示和提醒、记录设防区域现场报警信息等功能。

2. 主要功能

系统采用小型报警主机、分线制组建模式，利用安装在各防区前端的入侵探测器和紧急按钮开关，来实现对防区的实时入侵报警监测和人为的手动报警。安保人员可通过报警控制键盘完成入侵报警系统的布防、撤防等操作，当系统处于布防状态时，防区内发生非法入侵或人为触动紧急按钮开关时,系统立刻发出报警动作,如警号报警、拨打110等。报警主机及报警控制键盘能够显示和记录报警信息,如相应的报警防区、报警类别等。所有入侵探测器都具有防拆功能,遭到破坏时可立刻发出报警信号。

3. 前端入侵探测器及紧急按钮开关的安装位置和防区划分

前端入侵探测器及紧急按钮开关的安装位置和防区划分如图4-12所示。

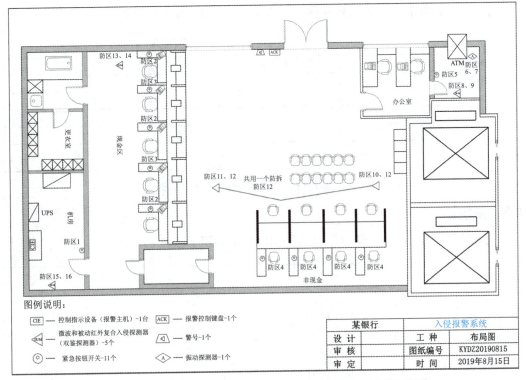

图4-12 前端入侵探测器及紧急按钮开关的安装位置和防区划分

（1）探测器安装区域

① 紧急按钮开关安装区域：现金区营业柜口、非现金区营业柜口、ATM室、机房。

② 双鉴探测器安装区域：ATM室、营业大厅、营业内厅、机房。

③ 振动探测器安装区域：ATM机。

④ 报警控制键盘位于大门左侧，报警主机位于机房。

（2）防区划分

① 机房安装1个紧急按钮开关，设置编号为防区1。

② 现金区营业柜口安装5个紧急按钮开关，设置编号为防区2、防区3。

③ 非现金区营业柜口安装4个紧急按钮开关，设置编号为防区4。

④ ATM室安装1个紧急按钮开关，设置编号为防区5。

⑤ ATM室安装1个双鉴探测器，设置编号为2个防区，为防区8、防区9，其中防区8为防拆除防区。

⑥ 营业大厅安装2个双鉴探测器，设置编号为防区10、防区11、防区12，其中防区12为防拆除防区。

⑦ 营业内厅安装1个双鉴探测器，设置编号为2个防区，为防区13、防区14，其中13防区为

防拆除防区。

⑧ 机房安装1个双鉴探测器，设置编号为2个防区，为防区15、防区16，其中15防区为防拆除防区。

本系统共计5个双鉴探测器、1个振动探测器、11个紧急按钮开关。

4.4.5 点数统计表

根据该行入侵报警系统方案设计内容，编制的点数统计表如图4-13所示。

设防区域	机房	现金区	非现金区	ATM室	营业大厅	营业内厅	合计
双鉴探测器	1	0	0	1	2	1	5
紧急按钮开关	1	5	4	1	0	0	11
振动探测器	0	0	0	0	0	0	1
合计	2	5	4	3	2	1	17
编制：	校对：		审核：		审定：	西安开元电子实业有限公司	2019年8月12日

图4-13 某银行入侵报警系统点数统计表图

4.4.6 系统图

根据设计方案及点数统计表，设计的系统图如图4-14所示。

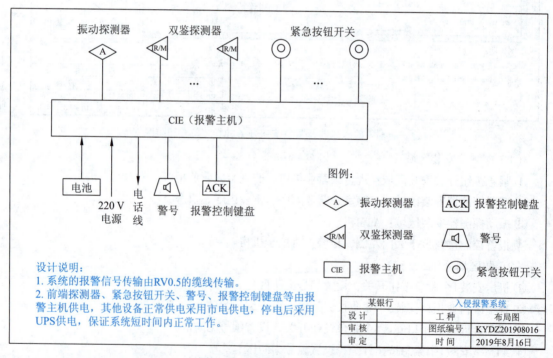

图4-14 某银行入侵报警系统图

4.4.7 防区编号表

在点数统计表的基础上，编制系统防区编号表，如图4-15所示。

单元4 入侵报警系统工程设计

某银行入侵报警系统点数统计表								
设防区域	机房	现金区	非现金区	ATM室	营业大厅	营业内厅	合计
双鉴探测器	1	0	0	1	2	1	5
紧急按钮开关	1	5	4	1	0	0	11
振动探测器	0	0	0	1	0	0	1
合计	2	5	4	3	2	1	17
编制：	校对：	审核：	审定：	西安开元电子实业有限公司			2019年8月12日

图4-15 某银行入侵报警系统防区编号表

4.4.8 施工图

根据该银行平面图，设计该银行入侵报警系统布线路由和设备安装位置图，如图4-16所示。

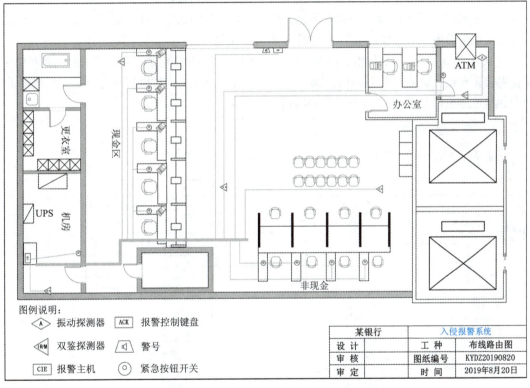

图4-16 某银行入侵报警系统布线路由和设备安装位置图

4.4.9 材料表

根据以上设计要求，选择系统设备材料，并编制材料表，如表4-3所示。

表4-3 某银行入侵报警系统设备选型表

序号	设备名称	规格型号	数量	单位	品牌
1	报警控制主机	2316PLUS	1	台	霍尼韦尔
2	报警控制键盘	2316LED	1	只	霍尼韦尔
3	双鉴探测器	YH-802C	5	只	远航
4	振动探测器	PA-950	1	只	枫叶
5	紧急按钮开关	PB-68	11	只	远航

续表

序号	设备名称	规格型号	数量	单位	品牌
6	免维护电池	6FM7	1	组	远航
7	警号	ES626	1	只	远航
8	传输线缆	RV0.5	1 000	米	伍达

在现金区营业柜口、非现金区营业柜口、ATM室、机房设有紧急按钮开关，遇到紧急情况时可按下按钮，现场警号报警。紧急按钮开关设置为全天24 h工作，其他探测器根据情况设定为延时、瞬时等。报警控制主机系统开机后，一旦有人闯入探测区域或敲打ATM机，就会触发报警，立刻发出报警声，值班室在收到报警信号后，控制键盘马上显示出报警的具体位置。系统与区110报警中心联网，报警信号将同步传送到区110报警中心联网。报警中心收到报警信号后迅速派工作人员前往报警处。区110报警中心将每天监测报警器的工作状态、供电及故障情况，记录报警系统的开/关机、故障及报警信息，确保报警系统的正常工作。报警系统带后备电池，保证系统在交流电停电后12 h仍能正常工作。系统防断电、防剪线，抗破坏能力强。

本设计采用三相五线制供电，电源由外引入至电表箱，再由电表箱分至照明控制箱和UPS专用控制箱。备用电源为UPS不停电电源加蓄电池组供给，蓄电池组供电时间为8 h。正常供电采用市电供给，停电后采用UPS供给保证短时间内正常营业。

4.4.10 施工进度表

编制施工进度表，把握施工进度，按时完成施工，如图4-17所示。

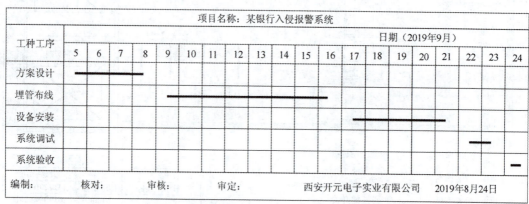

图4-17 某银行入侵报警系统施工进度表图

课程思政2 宝剑锋从磨砺出——记西安雁塔工匠纪刚

记者见到西安开元电子实业有限公司新产品试制组组长纪刚时，他正在整理手中的资料。公司董事长王公儒说，纪刚是踏实肯干的好员工。

学习是成长的必需品

纪刚从学徒成长为技师，从技师再到雁塔工匠、劳模、研发团队的骨干。谈到学习，纪刚说，自己学历不高，想要取得成绩，就只能自己努力学习，靠自己奋斗来实现。技校毕业后，纪刚就来到了西安开元电子实业有限公司当学徒。在师傅的指点下，纪刚白天学习技术，晚上学习理论。每天完成8 h的工作后，都给自己加班，每周末还会去书店买书，有时在书店一待就是一天。

一次,公司派纪刚去培训,对方是一位常带研究生的老教授,第一次见面,对方因学历就否定了纪刚。那时的纪刚是个技师,听到对方回答后,他并没有气馁,继续努力,很多粗活纪刚都抢着干,慢慢地,老教授开始指点纪刚,在老教授的指点下纪刚进步很快。

2012年,纪刚参与了《计算机应用电工技术》的编写,为了跟上大家的步伐,他对很多理论又进行了一次重温,对于很多新的技术,他会向徒弟请教。

同事谈起纪刚这样说:"别看纪工平时很少说话,谈起他新学的知识,会滔滔不绝。"

公司技术的核心人物

宝剑锋从磨砺出,梅花香自苦寒来。15年的勤奋努力和执着追求,纪刚在技术上已成为公司的"领头羊"。提起他的名字,公司里人人交口称赞。西安开元电子实业有限公司主要从事高教和职教行业教学实训装备的创新研发、生产和销售,每一项新产品的研发和创新,纪刚都参与其中。他参与的技术创新,专利技术产品的营业收入占公司总营业收入的70%。

2012年以来,纪刚利用公司为第42届世界技能大赛官方赞助商和设备提供商的机会,努力学习和钻研世界技能大赛的先进技能,带领团队改进了10项操作方法和生产工艺,提高生产效率两倍,直接降低生产成本超百万元。

工作研发中,纪刚先后获得14项国家专利。其中在研发光纤配线端接实验仪时,他自费购买了专业的资料,利用节假日勤奋钻研。一年的时间,四次修改电路板,五次改变设计图纸和操作工艺,最终获得国家发明专利,产品使用寿命超过5 000次,每年实现营收约500万元。

本文摘录自2019年3月13日《劳动者报》,进行了缩减改编。原文作者劳动者报记者殷博华。更多纪刚劳模先进事迹的媒体报道和Word版介绍资料,请访问中国铁道出版社有限公司网站(http://www.tdpress.com/51eds/)下载。

习 题

一、填空题(10题,每题2分,合计20分)

1. 入侵报警系统的设计流程包括设计任务书的编制、_____、_____、方案论证和_____。(参考4.1.2知识点)
2. GB 50348—2018国家标准名称为《_____》。(参考4.1.3知识点)
3. GB 50394—2007国家标准名称为《_____》。(参考4.1.3知识点)
4. 主要设备材料清单应包括设备材料_____、_____、_____等。(参考4.2.4知识点)
5. 风险等级较高或建设规模较大的安防工程项目应在_____进行方案论证。(参考4.2.5知识点)
6. 施工图应包括_____、_____、监控中心布局图及必要说明。(参考4.2.6知识点)
7. 施工图设计说明应包括设备材料的_____说明、_____说明等。(参考4.2.6知识点)
8. 前端设备设防图应正确标明设备_____、_____和设备编号等。(参考4.2.6知识点)
9. 报警中心的主要设备为_____、_____、警号、警灯等。(参考4.3.5知识点)
10. _____主要用于工程项目材料采购和现场施工管理。(参考4.3.5知识点)

二、选择题(10题,每题3分,合计30分)

1. 安全防范是( )、( )、技防的有机结合。(参考4.1.3知识点)

A. 人防　　　　B. 计算机　　　　C. 物防　　　　D. 多芯线电缆

2. 任务来源包括由建设单位主管部门下达的任务，政府部门要求的任务，建设单位自提的任务，任务类型可分为（　　）等。（参考4.2.2知识点）

A. 新建　　　　B. 改建　　　　C. 扩建　　　　D. 升级

3. 应遵循国家和行业的相关现行标准，被防护对象的（　　）应与相关标准规定（　　），系统的（　　）应与被防对象的风险等级（　　）。（参考4.2.2知识点）

A. 风险等级　　B. 相一致　　　C. 防护级别　　D. 相适应

4. 初步设计文件包括设计说明、（　　）、主要设备器材清单、（　　）等。（参考4.2.4知识点）

A. 施工图　　　B. 设计图纸　　C. 施工进度表　D. 工程概算书

5. 方案论证应提交（　　）、初步设计文件等材料。（参考4.2.5知识点）

A. 设计任务书　B. 验收材料　　C. 竣工图纸　　D. 现场勘察报告

6. 方案论证应对论证的内容做出（　　）评价，明确给出通过、基本通过、不通过的结论，并且提出整改意见，并经（　　）确认后改善。（参考4.2.5知识点）

A. 客观　　　　B. 主观　　　　C. 施工单位　　D. 建设单位

7. （　　）非常全面地反映了该项目入侵报警探测器的安装位置和点数数量。（参考4.3.2知识点）

A. 点数表　　　B. 系统图　　　C. 设备材料清单　D. 施工图

8. 入侵报警（　　）能够快速和清晰地展示该系统的主要组成部分和连接关系。（参考4.3.2知识点）

A. 点数统计表　B. 系统图　　　C. 设备材料清单　D. 施工图

9. 入侵报警系统（　　）是入侵报警系统必需的技术文件，主要规定报警防区的编号。（参考4.3.3知识点）

A. 点数统计表　B. 设备材料清单　C. 防区编号表　D. 施工图

10. （　　）设计的目的就是规定布线路由在建筑物中安装的具体位置，一般使用（　　）。（参考4.3.4知识点）

A. 施工图　　　B. 系统图　　　C. 平面图　　　D. 立体图

三、简答题（5题，每题10分，合计50分）

1. 简述入侵报警系统工程的设计应遵循的原则。（参考4.1.1知识点）
2. 简述入侵报警系统工程的主要设计任务。（参考4.2.1知识点）
3. 简述入侵报警系统现场勘查报告包含的内容。（参考4.2.3知识点）
4. 简述入侵报警系统初步设计文件的编制要求。（参考4.2.4知识点）
5. 简述入侵报警系统工程施工平面图内容。（参考4.2.4知识点）

互动练习7　入侵报警系统工程的主要设计任务和要求

专业_____　　姓名_____　　学号_____　　成绩_____

1. 超声波探测器布置位置设计

超声波探测器接收从墙壁、顶棚、地板及室内其他物体反射回来的超声能量，并不断与发射波的频率加以对比。当入侵者在探测区内移动时，探测器检测到频率差异后，即发出报警。超声波探测器容易受风和空气流动的影响，因此安装时，不应靠近排风扇、暖气等设备。根据要求在空白处绘制超声波探测器的布置示意图。

超声波探测器的布置示意图

2. 施工进度表

根据具体工程量大小，科学合理地编制施工进度表，可依据系统工程结构，把整个工程划分为多个子项目，循序渐进，依次执行。施工过程中也可根据实际施工情况，作出合理调整，把握项目进展工期，按时完成项目施工。参考教材相关内容，编制一份入侵报警系统施工进度表。

入侵报警系统施工进度表

互动练习8 入侵报警探测器选型

专业_____   姓名_____   学号_____   成绩_____

根据防护要求和特点选择探测器；探测器应能避免干扰，减少误报，杜绝漏报；探测器的灵敏度、设防距离、覆盖面积应能满足使用要求。请参考相关标准完成下表的填写。

常用入侵探测器选型表

序号	探测器名称	适应场所	主要特点	安装设计要点
1	超声波多普勒探测器	室内空间型	没有死角，成本低	（1）吸顶安装时： （2）壁挂安装时：
2	微波多普勒探测器	室内空间型		壁挂安装时：
3	被动红外探测器	室内空间型	功耗低，可靠性较好	（1）吸顶安装时： （2）壁挂安装时： （3）楼道安装时： （4）幕帘安装时：
4	微波和被动红外复合探测器	室内空间型		（1）吸顶安装时： （2）壁挂安装时： （3）楼道安装时：
5	被动式玻璃破碎探测器	室内空间型	仅对玻璃破碎等高频声响敏感	
6	振动探测器	室内、室外	被动式	
7	主动红外探测器	室内、室外	红外脉冲、便于隐蔽	
8	磁开关探测器		体积小、可靠性好	
9	紧急报警装置		人工启动发出报警信号	

实训5　设计入侵报警系统工程

1. 实训任务来源
入侵报警系统作为防入侵、防盗窃、防破坏的有力手段，已得到广泛的应用。掌握和应用入侵报警系统的设计内容和方法，已然成为智能建筑类专业技术人才和高技能人才的必备技术技能。

2. 实训任务
参考本单元介绍的设计方法和图表，以学校的教学楼或者实训室、超市等建筑物为例，独立完成一个简单的入侵报警系统工程的设计，提交全套设计图纸和文件。

3. 技术知识点
（1）点数统计表直观反映入侵报警系统探测器的安装位置和点位数量。
（2）系统图直观反映入侵报警系统的主要组成部分和连接关系。
（3）防区编号表主要规定报警防区的编号。
（4）施工图设计规定入侵报警系统工程布线路由在建筑物中的具体位置。
（5）材料表包括入侵报警系统工程全部主材、辅材和消耗材料。
（6）施工进度表用于计划和明确工程施工工序和时间节点。

4. 关键技能
（1）入侵报警系统工程设计内容的合理规划和编制。
（2）设备、器材的正确选择和应用。
（3）常用设计软件的正确选择和应用

5. 实训课时
（1）该实训共计2课时完成，其中技术讲解15 min，学员实际操作60 min，实训总结15min。
（2）课后作业2课时，独立完成实训报告，提交合格实训报告。

6. 实训设备
实训设备：笔记本计算机。需要安装常用软件，包括Word、Excel、Visio、AutoCAD等。

7. 实训材料和工具
实训工具：西元智能化系统工具箱，型号KYGJX-16。如卷尺，用于测量建筑物尺寸，包括房间长度、宽度、高度等。

8. 实训步骤
（1）按照本单元介绍的工程设计方法和步骤，逐项完成设计任务。
① 编制入侵报警探测器点位数量统计表。
要求表格设计合理、数据正确、文件名称正确、签字和日期正确。
② 设计入侵报警系统图。
要求图形符号正确、连接关系清楚、说明完整、图面布局合理。
③ 编制入侵报警系统防区编号表。
要求表格设计合理、编号正确、文件名称正确、签字和日期正确。
④ 施工图设计。
要求图形符号正确、布线路由合理、位置设计合理正确、说明完整。
⑤ 编制材料统计表。

要求表格设计合理、材料选型合理、名称规格准确、数量单位正确。

⑥ 编制施工进度表。

要求表格设计合理，根据具体工作量大小，施工工序和时间合理。

（2）设计作品以完整性与合理性为主进行评判。

9. 实训报告

按照单元1表1-2所示的实训报告要求和模板，独立完成实训报告，2课时。设计文件以A4纸打印版或者电子文档，附在实习报告后面。

单元 5

入侵报警系统工程的安装

入侵报警系统工程的安装质量直接决定工程的可靠性、稳定性和长期寿命等工程质量，安装工序复杂、周期长，安装人员需要掌握基本操作技能和一定的管理经验。本单元重点介绍入侵报警系统工程安装的相关规定和要求，安排了安装基本技能实训等内容。

学习目标：
- 熟悉入侵报警系统工程安装的主要规定和技术要求等内容。
- 掌握入侵报警系统工程安装操作方法和经验。

入侵报警系统是保护建筑物及建筑物内部的财产安全的屏障，在安装过程中要保证安装质量，保证入侵报警系统能够实现设计功能，能够达到用户的要求。因此，在安装过程中应遵循相关国家标准进行安装。

5.1 入侵报警系统工程安装流程

入侵报警系统工程的安装必须按照设计图纸和相关技术文件规定，遵守相关国家标准和规范的要求进行。安装流程如图5-1所示，分为安装准备、管路敷设、线缆敷设、设备安装等流程。本单元将详细介绍每个流程的关键技术和安装方法。

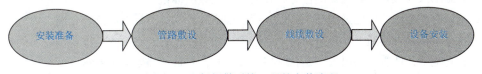

图5-1　入侵报警系统工程的安装流程

5.2 入侵报警系统工程安装准备

5.2.1 工程安装应满足的条件

入侵报警系统工程的安装应满足下列条件：

（1）设计文件和图纸应准备齐全，并且这些文件和图纸必须是已经会审和批准过的。

（2）甲方、监理方、乙方等单位的安装人员必须认真熟悉图纸及有关资料，包括工程特点、安装方案、工艺要求、质量标准等，开工前必须举行各方参加的技术交底会。

（3）器材和物品必须准备齐全，满足连续安装和阶段安装的要求。器材包括设备、仪器、器材、机具、工具、辅材、机械设备等，如果出现材料短缺，就会影响工期，严重时甚至造成停工，增加安装的直接成本。

（4）大型复杂工程，需要在现场安排专门的库房和管理人员，准备对讲机等通信工具。

5.2.2 安装前的准备工作

1. 检查安装区域

在工程安装前必须对安装区域的有关情况进行检查，符合下列条件才能开始安装：

（1）安装区域具备进场作业的条件，主要指建筑物装饰装修完毕后，安装区域内能保证安装用电等。

（2）安装区域地面、墙面的预留孔洞、地槽和预埋管件等应符合设计要求，并标识清晰。

（3）安装区域内没有影响安装的障碍物，没有不安全因素等。

如果发现存在影响安装的问题，应以书面方式及时通知甲方或者安装方清理和完善。

2. 安装前检查的项目和主要内容

安装前的现场实际勘察和检查非常重要，不仅涉及工程质量和工期，也直接影响工程造价和长期寿命，因此必须按照下面项目仔细检查和记录，并且及时与甲方协调解决，提前做好预案，准备相应的器材和工具，保证安装顺利进行。

（1）检查建筑物安装区域内的现场情况和预留管件情况。检查项目和主要内容包括：

① 室内吊顶已经完成。重点检查预留的检修孔或者接线孔，方便快速安装。

② 室内墙面已经完成粉刷。只有这样才能保证安装的探测器等设备不会被涂料二次污染。

③ 门窗已经安装到位。避免闲杂人员随意出入，保证现场已经安装设备和库存设备安全。

④ 场地已经清洁，没有灰尘。避免探测器被灰尘二次污染，影响探测。

⑤ 检查预留过线孔和管道，保证安装顺利进行。按照设计图纸，特别是布线图纸重点检查建筑物竖井已经做好过线孔洞，隔墙预留好管道，建筑物管线出入通道等。

（2）检查安装中使用道路及占有道路情况。检查项目和主要内容包括：

① 按照正式设计图纸，检查是否有探测器等设备需要跨越道路布线。

② 实际勘察和检查跨越道路的位置和方向，并且做出标记。

③ 确认跨越道路位置已经预埋了管道，管道规格和数量与设计图纸规定相同。

④ 检查管道是否畅通，并且预留有牵引钢丝。如果没有时，必须提前准备钢丝和铁丝。

⑤ 检查地下预埋管道的出入口是否做好了检修井，并且已经安装了井盖。

⑥ 检查管道内是否有积水或者垃圾。后期安排人员清理，保证布线顺利进行。

⑦ 仔细阅读电气安装设计图纸，检查和确认是否有强电线缆与入侵报警系统线缆并行或者交叉，如果有这种情况时，必须按照相关标准规定采取保护措施，保证入侵报警系统不受干扰和影响。

（3）检查敷设电缆管道路由状况，并对全部管道路由和出口位置做出明显标记。

土建阶段预埋的电缆管道一般暗埋在建筑物的墙体、楼板或者地下，必须按照设计图纸仔细检查，重点检查预埋电缆管道位置是否正确，管道直径是否符合设计图纸，拐弯曲率半径是否合理，管道是否预留钢丝。如果没有预留穿线牵引钢丝，必须对管道进行通畅性检查。

必须阅读强电、水暖、消防、给排水、天然气等专项设计图纸，全面熟悉和了解电缆直埋路由的实际情况,进行合理避让。

(4)提前清除障碍,安全安装。当安装现场有影响安装的各种障碍物时,应提前清除。提前检查影响安装安全的情况,及时清理坠落物和多余管件、模板、砖块等建筑垃圾。对高空作业和危险区域作业,提前做好安全预案,例如,准备安全绳、保护围栏、登高梯子、安全帽、防砸鞋等。

(5)实际检查入侵探测区域电磁环境和自然环境条件。开工前项目经理必须专项调研和检查现场电磁环境,如高压线、电力变压器等容易产生高电磁场的设备,尽量远离高磁场环境安装探测器。同时检查是否有潮湿和腐蚀等因素,并且提前做好安装预案。

(6)制订详细的安装计划和预案,降低安装成本。近年来,我国人员工资、物流成本快速上升,因此在开工前项目经理必须认真研读图纸和技术文件,认真勘察和仔细检查现场实际情况,及时排除影响安装的因素,制订详细的安装计划和预案,避免限产窝工和多次采购与运输,降低工程总成本。

3. 安装前检查材料、部件和设备

在实际安装中,经常出现"把豆腐搅成肉的价格"现象,因此安装前对材料、部件和设备进行检查非常重要,因为安装现场往往远离乙方库房,如果出现短缺或者坏件,将直接影响安装进度和工期,降低效率,增加运费和管理费等工程费用。

例如,如果缺少几个螺钉或发现设备损坏时,需要再次向公司申请,走完审批流程,库房才能出货,还需要安排专人专车送到安装现场,运费和管理费远远高于直接材料费,因此在安装前,项目经理必须按照下面的项目分项进行检查。

(1)按照材料表对材料进行清点、分类。每一个工程项目都有大量的安装材料,例如管道类、接头类、螺钉类、电线类等,必须按照设计文件和材料表,逐项逐一清点与核对,并且分类装箱,在箱外贴上材料清单,方便现场使用。

(2)各种部件、设备的规格、型号和数量应符合设计要求。工程中大量使用各种安装支架、探测器等设备,每个部件的用途和安装部位不同,因此必须按照设计图纸仔细核对和检查,保证全部部件和设备符合图纸和工程需要,特别需要逐一检查设备型号和数量符合设计要求。有经验的项目经理都会在安装前对主要部件和设备进行预装配和调试,并且在外包装箱上做出明显的标记,方便在安装现场的使用,提高工作效率,避免出现安装位置错误,提前保证工程质量。

(3)产品外观应完整、无损伤和任何变形。在安装前必须检查产品外观完整,没有变形和磕碰等明显外伤,只有这样才能保证顺利验收。

(4)有源设备均应通电检查各项功能。在安装进场前,项目经理或者工程师对从库房领出的有源设备进行通电检查非常重要,必须逐台进行,不得遗漏任何一台,这些设备包括各种探测器、紧急报警按钮、报警主机、控制键盘、声光报警器、电源等。

在通电检查前必须认真阅读产品说明书,规范操作,特别注意设备的额定电压,不能对12 V直流设备接入220 V交流电,否则会直接烧坏设备。

在安装现场必须对高空安装的设备,在地面再次进行通电检查和调试,确保正常时才能安装。如果安装后再发现设备故障,拆除和再次采购的综合成本会很高,将直接影响效率和工期。

4. 做好验收和记录

安装中应做好隐蔽工程的随工验收，并做好记录。隐蔽工程包括吊顶上、地板下、桥架内安装的线缆，在安装时必须规范安装，并且随时照相和做好记录，提前通知甲方和监理方随工验收。妥善保管隐蔽工程照片和记录，作为竣工资料，交给甲方长期保存。

5.3 入侵报警系统管路敷设

5.3.1 敷设原则

设计单位提供的入侵报警系统工程设计图中，一般只会规定基本的安装路由和要求，不会把每根管路的直径和准确位置标记出来，这就要求在现场实际安装时，要根据各个防区探测点具体位置和数量，确定线管直径和准确位置。在预埋线管和穿线时一般遵守下列原则：

1. 埋管最大直径原则

预埋在墙体中间暗管的最大管外径不宜超过50 mm，预埋在楼板中暗埋管的最大管外径不宜超过25 mm，室外管道进入建筑物的最大管外径不宜超过100 mm。

2. 穿线数量原则

不同规格的线管，根据拐弯的多少和穿线长度的不同，管内布放线缆的最大条数也不同。同一个直径的线管内如果穿线太多，则拉线困难；如果穿线太少，则增加布线成本，这就需要根据现场实际情况确定穿线数量。表5-1所示为常用线管规格型号与容纳的双绞线数量表。

表5-1 常用线管规格型号与容纳的双绞线数量表

线 管 类 型	线管规格/mm	容纳双绞线最多条数	截面利用率/%
PVC、金属	16	2	30
PVC	20	3	30
PVC、金属	25	5	30
PVC、金属	32	7	30
PVC	40	11	30
PVC、金属	50	15	30
PVC	80	30	30
PVC	100	40	30

3. 保证管口光滑和安装护套原则

在钢管现场截断和安装中，两根钢管对接时必须保证同轴度和管口整齐，没有错位，焊接时不要焊透管壁，避免在管内形成焊渣。金属管内的毛刺、错口、焊渣、垃圾等必须清理干净，否则会影响穿线，甚至损伤缆线的护套或内部结构，如图5-2所示。

（a）接头错位，出现毛刺　　　　（b）钢管焊透，出现毛刺　　　　（c）正确焊透，管内光滑

图5-2 钢管接头示意图

暗埋钢管一般都在现场用切割机裁断，如果裁断太快，在管口会出现大量毛刺，这些毛刺

非常容易划破电缆外皮,因此必须对管口进行去毛刺工序,保持截断端面的光滑。

在与线缆底盒连接的钢管出口,需要安装专用的护套,保护穿线时顺畅,不会划破缆线。这点非常重要,在安装中要特别注意,如图5-3所示。

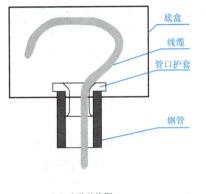
(a)安装结构图

(b)护套

图5-3 钢管端口安装保护套示意图

4. 保证曲率半径原则

金属管一般使用专门的弯管器成型,拐弯半径比较大,能够满足线缆对曲率半径的要求。墙内暗埋 $\phi16$、$\phi20$ PVC塑料布线管时,要特别注意拐弯处的曲率半径。宜用弯管器现场制作大拐弯的弯头连接,这样既保证了缆线的曲率半径,又方便轻松拉线,降低布线成本,保护线缆结构。

5. 横平竖直原则

土建预埋管一般都在隔墙和楼板中,为了垒砌隔墙方便,一般按照横平竖直的方式安装线管,不允许将线管斜放。如果在隔墙中倾斜放置线管,需要开槽,影响安装进度。

6. 平行布管原则

平行布管就是同一走向的线管应遵循平行原则,不允许出现交叉或者重叠,楼板和隔墙中的线管较多时,必须合理布局这些线管,避免出现线管重叠。图5-4所示为平行布管的工程敷设图。

图5-4 平行布管的工程敷设图

7. 线管连续原则

线管连续原则是指从前端各个探测器到报警主机之间的整个布线路由线管必须连续,如果出现一处不连续时将来就无法穿线。特别是在用PVC管布线时,要保证管接头处的线管连续,管内光滑,方便穿线,如图5-5所示。如果留有较大的间隙时,管内有台阶,则将来穿牵引钢丝和布线困难,如图5-6所示。

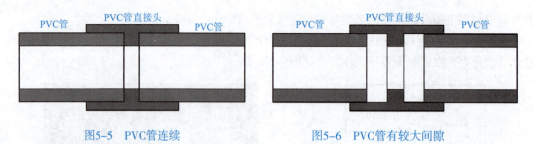

图5-5　PVC管连续　　　　　　图5-6　PVC管有较大间隙

8. 拉力均匀原则

系统路由的暗埋管比较长，大部分都在20～50 m之间，有时可能长至80～90 m，中间还有许多拐弯，布线时需要用较大的拉力才能把线缆拉到出线口。

入侵报警系统电源线和信号线等都比较细，穿线时应该慢速而又平稳地拉线，拉力太大时，会破坏电缆的结构和一致性，引起线缆传输性能下降，严重时，甚至将线拉断。

例如，对双绞线来说，拉力过大会使线缆内的扭绞线对层数发生变化，导致线对扭绞松开，甚至可能对导体造成破坏，影响线缆抗干扰的能力。四对双绞线最大允许的拉力一根为100 N，两根为150 N，三根为200 N。n根拉力为$n \times 50+50$ N，不管多少根线对电缆，最大拉力都不能超过400 N。

如图5-7所示，A、B为正确的拉线方向，如图5-8所示，C为错误的拉线方向。

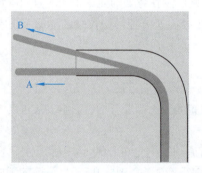　　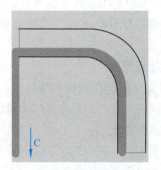

图5-7　正确的拉线方向　　　　　图5-8　错误的拉线方向

9. 预留长度合适原则

线缆布放时应根据实际情况考虑两端的预留，方便理线和端接，有特殊要求的应按设计要求预留长度。

10. 规避强电原则

在入侵报警系统布线安装中，必须考虑与电力电缆之间的距离，不仅要考虑墙面明装的电力电缆，更要考虑在墙内暗埋的电力电缆。禁止将电力电缆与报警系统的信号线缆敷设在同一线管内。

11. 穿牵引钢丝原则

土建埋管后，必须穿牵引钢丝，方便后续穿线。穿牵引钢丝的步骤如下：

（1）把钢丝一端用尖嘴钳弯曲成一个$\phi 10$ mm左右的小圈，这样做是防止钢丝在PVC管内弯曲，或者在接头处被顶住。

（2）把钢丝从插座底盒内的管端往里面送，一直送到另一端出来。

（3）把钢丝两端折弯，防止钢丝缩回管内。穿线前将铁丝用钢丝带入。

（4）穿线时用铁丝把电缆拉出来。注意铁丝与电缆连接处要牢固与光滑。

12. 管口保护原则

钢管或者PVC管在敷设时，应该采取措施保护管口，防止水泥砂浆或者垃圾进入管口，堵塞管道，一般用堵头或塞头封住管口，并用胶布绑扎牢固。

5.3.2 电缆管的加工及敷设

电缆管不应有穿孔、裂缝和显著的凹凸不平，内壁应光滑。金属电缆管不应有严重锈蚀，硬质塑料管不得用在温度过高或过低的场所。在易受机械损伤的地方和在受力较大处直埋时，应采用足够强度的管材。

（1）电缆管的加工应符合下列要求：

① 管口应无毛刺和尖锐棱角，管口宜做成喇叭形。

② 电缆管在弯制后，不应有裂缝和显著的凹瘪现象，其弯扁程度不宜大于管外径的10%；电缆管的弯曲半径不应小于所穿入电缆的最小允许弯曲半径。

③ 金属电缆管应在外表涂防腐漆或涂沥青，镀锌管锌层剥落处也应涂以防腐漆。

（2）电缆管的内径与电缆外径之比不得小于1.5，每根电缆管的弯头不应超过3个，直角弯不应超过2个。

（3）电缆管明敷时应符合下列要求：

① 电缆管应安装牢固，电缆管支持点间的距离合理，当设计无规定时，不宜超过3 m。

② 当塑料管的直线长度超过30 m时，宜加装伸缩节。

（4）电缆管的连接应符合下列要求：

① 金属电缆管连接应牢固，密封应良好，两管口应对准。套接的短套管或带螺纹的管接头的长度，不应小于电缆管外径的2.2倍。金属电缆管不宜直接对焊。

② 硬质塑料管在套接或插接时，其插入深度宜为管内径的1.1～1.8倍。在插接面上应涂以胶合剂粘牢密封，采用套接时套管两端应热封焊。

（5）引至设备的电缆管管口位置，应便于与设备连接并不妨碍设备拆装和进出。

（6）室外敷设混凝土、石棉、水泥等电缆管时，其地基应坚实、平整，不应有沉陷。电缆管的敷设应符合下列要求：

① 电缆管的埋设深度不应小于0.7 m；在人行道下面敷设时，不应小于0.5 m。

② 电缆管应有不小于0.1%的排水坡度。

③ 电缆管连接时，管孔应对准，接缝应严密，不得有地下水和泥浆渗入。

5.3.3 电缆支架的配置与安装

（1）电缆支架的加工应符合下列要求：

① 钢材应平直，无明显扭曲。下料误差应在5 mm范围内，切口应无卷边、毛刺。

② 支架应焊接牢固，无显著变形。各横撑间的垂直净距与设计偏差不应大于5 mm。

③ 金属电缆支架必须进行防腐处理。位于湿热、盐雾以及有化学腐蚀地区时，应根据设计做特殊的防腐处理。

（2）电缆支架的层间允许最小距离，当设计无规定时，可采用表5-2所示的规定，但层间净距不应小于两倍电缆外径加10 mm。

表5-2　电缆支架的层间最小距离

电缆类型和敷设特征	支（吊）架	桥架
控制电缆	120 mm	200 mm
电力电缆	150～200 mm	250 mm
电缆敷设于槽盒内	h+80 mm	h+100 mm

注：h表示槽盒外壳高度。

（3）电缆桥架的配制应符合下列要求：
① 电缆梯架、托盘、支架、吊架、连接件和附件的质量应符合有关技术标准。
② 电缆梯架、托盘的规格、支吊跨距、防腐类型应符合设计要求。
（4）梯架、托盘在每个支吊架上的固定应牢固，连接板的螺栓应紧固，螺母应位于梯架或托盘的外侧。铝合金梯架在钢制支吊架上固定时，应有防电化腐蚀的措施。
（5）当直线段钢制电缆桥架超过30 m、铝合金或玻璃钢制电缆桥架超过15 m时，应有伸缩缝，其连接宜采用伸缩连接板。电缆桥架跨越建筑物伸缩缝处应设置伸缩缝。
（6）电缆桥架转弯处的转弯半径，不应小于该桥架上的电缆最小允许弯曲半径的最大者。
（7）电缆支架全长均应有良好的接地。

5.3.4　线管安装技术

1. 线管敷设技术要求

（1）线管敷设方式：
① 暗埋管敷设：一般情况下管路暗埋于墙体或楼板内部，在土建和砌筑过程中随工安装，也有的在室内装修时安装在吊顶内部。暗管敷设的安全系数高、不会影响前面外形的美观，但安装难度大，后期可调整性差。
② 明管敷设：整个管路敷设在墙体表面，安装简单，不仅容易遭到破坏，而且美观性不足。
（2）线管的材质：
① 金属管：一般用于对入侵报警系统安全性和永久性要求较高的场所。潮湿场所一般应选用厚壁热镀锌钢管，直埋在地下。干燥场所一般选用薄壁电镀锌钢管。
② 塑料管：一般为PVC管、PE管等，常用于一般的入侵报警系统中。
（3）暗埋线管敷设的一般工序流程：
① 预制大拐弯的弯头。用专业弯管器制作大拐弯的弯头。
② 测位定线。测量和确定安装位置与路由，并且画线标记。
③ 安装和固定出线盒与设备箱。将出线盒、过线盒以及设备箱等安装到位，并且用膨胀螺栓或者水泥砂浆固定牢固。
④ 敷设管路。根据布线路由逐段安装线管，要求横平竖直。
⑤ 连接管路。用接头连接各段线管，要求连接牢固和紧密，没有间隙。暗埋在楼板和墙体中的接头部位必须用防水胶带纸缠绕，防止在浇筑时，水泥砂浆灌入管道内，水分蒸发后，留下水泥块，堵塞管道。
⑥ 固定管路。对于建筑物楼板或现浇墙体中的暗管，必须用铁丝绑扎在钢筋上进行固定。

对于砌筑墙体内的暗管，在砌筑过程中，必须随时固定。

⑦ 清管带线。埋管结束后，对每条管路都必须进行及时的清理，并且带入钢丝，方便后续穿线。如果发现个别管路不通时，必须及时检查维修，保证管路通畅。

（4）明装线管敷设的一般工序流程。明装线管敷设一般在土建结束后，入侵报警系统的设备安装阶段进行，因为必须认真规划和设计，保证装饰效果。一般明装线管采用PVC塑料管，宜安装在门后、拐弯等隐蔽位置。

① 预制大拐弯的弯头。用专业弯管器制作大拐弯的弯头，不能使用注塑的直角塑料弯头，因为注塑的弯头是90°直角拐弯，无法顺畅穿线，曲率半径也不能满足要求。

② 测位定线。测量和确定安装位置与路由，并且画线标记。一般采取点画线，也不能画线太粗，影响墙面美观。实际安装中，一般只标记安装管卡的位置，通过管卡位置确定布线路由，这样能够保持墙面美观。

③ 安装和固定出线盒与设备箱。将接线盒、过线盒以及设备箱等安装到位，一般用膨胀螺栓或者膨胀螺钉固定在墙面。

④ 敷设管路。根据布线路由逐个安装管卡，逐段安装线管，要求横平竖直。

⑤ 连接管路。用直接头连接各段线管，要求连接牢固和紧密，没有间隙。管路与接线盒、过线盒和设备箱的连接必须牢固。

2. 金属管的冷弯方法

当线缆采用穿金属管敷设时，必然遇到金属管现场弯曲塑形的问题，金属管弯管器是最常用的金属管现场塑形工具。注意，不同壁厚的钢管必须使用不同的专用弯管器。

下面介绍厚壁钢管的冷弯方法。如图5-9为弯管器，图5-10为常见的几种套管塑形。

图5-9 弯管器

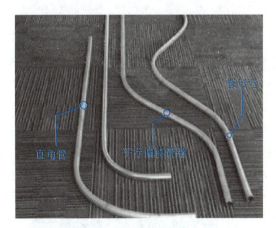

图5-10 常见的几种套管塑形

在使用弯管器前，需要区了解弯管器上的符号和标记。

（1）箭头标记（见图5-11）：代表套管弯曲变形的起点和测量基准。

（2）缺口标记（见图5-12）：代表加工鞍形弯时的中点。

（3）星形标记（见图5-13）：是加工U形弯时的参考点。

（4）角度标线：代表套管弯曲后直管部分所成锐角。例如，套管与22°标线平行，代表弯曲后套管所成锐角为22°，如图5-14所示。

图5-11 箭头标记

图5-12 缺口标记

图5-13 星形标记

图5-14 角度标线

直角弯的弯曲角度为90°，以箭头作为测量基准获得弯曲端准确位置。具体制作步骤如下：

（1）若需准确控制直角弯套管末端的垂直高度，则从套管一端量取尺寸差值，并在管上做标记，如图5-15所示。

（2）将钢管放入弯管器，弯管器上的箭头标记正对钢管上的标记，如图5-16所示。

图5-15 做标记

图5-16 箭头标记正对钢管上的标记

（3）双手握住弯管器手柄，可通过弯管器踩踏点辅助用力，弯曲钢管，如图5-17所示。

（4）弯管过程中注意观察钢管与弯管器上刻度的重合情况，确认弯曲角度，得到预期形状和尺寸的钢管。图5-18所示为弯曲完成的直角套管。

图5-17 弯管
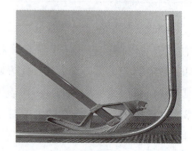
图5-18 弯曲完成的直角套管

3. PVC塑料管的弯管技术

现场自制PVC大拐弯接头时，必须选用质量较好的冷弯管和配套的弯管器。如果使用的冷弯管与弯管器不配套，管子容易变形，使用热弯管也无法冷弯成型。用弯管器自制PVC塑料弯头的方法和步骤如下：

（1）准备冷弯管，确定弯曲位置和半径，做出弯曲位置标记，如图5-19所示。

（2）插入弯管器，弯管器中间最粗的地方放到需要弯曲的位置。如果弯曲较长，则给弯管器绑一根绳子，放到要弯曲的位置，如图5-20所示。

图5-19　准备和标记

图5-20　插入弯管器

（3）弯管。两手抓紧放入弯管器的位置，用力弯曲，如图5-21所示。

（4）取出弯管器，安装弯头。图5-22所示为已经安装到位的弯管。

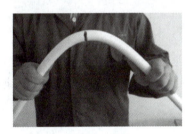
图5-21　弯管

图5-22　安装弯头

5.4　入侵报警系统的线缆敷设

入侵报警系统的线路敷设中，敷设线缆时应轻拉、慢拉，决不允许强行拖动，转弯时应有足够的弧度，不得有扭曲。在未安装设备前，线缆应有足够的裕量，并在线缆两端或必要部位有明显的标记，同时做好外露部分的保护。所有线缆敷设后均应做必要的检查和测试，如外皮是否受损、线路的通断等。

5.4.1　一般规定

（1）线缆敷设前应按下列要求进行检查：

①线缆通道畅通，排水良好。金属部分的防腐层完整。

②线缆型号、电压、规格应符合设计。

③线缆外观应无损伤、绝缘良好，当对线缆的密封有怀疑时，应进行潮湿判断。直埋电缆时应经试验合格。

④线缆放线架应放置稳妥，强度和长度应与线缆盘质量和宽度相匹配。

⑤敷设前应按设计和实际路径计算每根电缆的长度，合理安排每盘电缆，减少电缆接头。

⑥ 在带电区域内敷设电缆，应有可靠的安全措施。

⑦ 采用机械敷设电缆时，牵引机和导向机构应调试完好。

（2）入侵报警系统的各种导线，原则上应尽可能缩短。

（3）在管内穿线或槽内敷设导线，应在建筑抹灰及地面工程结束后进行。穿线前应将管内或槽内的积水及杂物清除干净，穿线时宜抹黄油或滑石粉，进入管内的导线应平直、无接头和扭结。

（4）不同系统、不同电压等级、不同电流等级的导线，不应穿在同一管内或同一线槽内。

（5）在垂直布线与水平布线的交叉处要加装分线盒，以保证接线的牢固和外观整洁。

（6）线缆必须统一编号，并且与防区编号表的规定保持一致，编号标签应正确齐全、字迹清晰、不易擦除。在同一系统中应将不同导线用不同颜色标识或编号。例如，电源正端用红色，地端用黑色，共有信号线用黄色，地址信号线用白色等。在入侵报警系统中，地址信号线较多，可将每个楼层或每个防区的地址信号线用同一种颜色标识，然后逐个编号。

（7）报警信号传输线的耐压不应低于 AC 250 V，应有足够的机械强度。铜芯绝缘导线、电缆芯线的最小截面积应满足下列要求：

① 穿管敷设的绝缘导线，线芯最小截面积不应小于1.00 mm^2。

② 线槽内敷设的绝缘导线，线芯最小截面积不应小于0.75 mm^2。

③ 多芯线缆的单股线芯最小截面积不应小于0.5 mm^2。

5.4.2 线缆的敷设

1. 直埋线缆的敷设

（1）在线缆线路路径上有可能使线缆受到机械性损伤、化学作用、地下电流、振动、热影响、腐植物质、虫鼠等危害的地段，应采取保护措施。

（2）线缆埋置深度应符合下列要求：

① 线缆距地面的距离不应小于0.7 m。穿越农田时不应小于1 m。在引入建筑物、与地下建筑物交叉及绕过地下建筑物处，可浅埋，但应采取保护措施。

② 线缆应埋设于冻土层以下，当受条件限制时，应采取防止线缆受到损坏的措施。

（3）直埋线缆的上、下部应铺以不小于100 mm厚的软土或沙层，并加盖保护板，其覆盖宽度应超过线缆两侧各50 mm，保护板可采用混凝土盖板或砖块。软土或沙子中不应有石块或其他硬质杂物。

（4）直埋线缆在直线段每隔50～100 m处、线缆接头处、转弯处、进入建筑物等处，应设置明显的方位标志。

（5）直埋线缆回填土前，应经隐蔽工程验收合格。回填土应分层夯实。

2. 线管内的电缆敷设

（1）在下列地点，线缆应有一定机械强度的保护管或加装保护罩：

① 线缆进入建筑物、穿过楼板及墙壁处。

② 从沟道引至电杆、设备、墙外表面或屋内行人容易接近处，距地面高度2 m以下的一段。

③ 其他可能受到机械损伤的地方。

（2）管道内部应无积水，且无杂物堵塞。穿线缆时，不得损伤外护套层，可采用无腐蚀性的润滑剂（粉）。

（3）线缆排管在敷设线缆前，应进行疏通，清除杂物。

（4）穿入管中线缆的数量应符合设计要求。

线管内线缆布设的具体步骤如下：

（1）研读图纸、确定出入口位置。研读正式设计图纸，确定某一条线路的走线路径，对照图纸，在安装现场分别找出对应的线管出、入口。

（2）穿带线。选择足够长度的穿线器，将穿线器带线从线管信息插座底盒一端穿入，从机柜一端露出。

注意：穿引线的过程中，如果遇到无法穿过的情况，可以从另一端穿入，或者采取两端同时穿入钢丝对绞的方法。

（3）量取线缆。若可以确定线缆长度，可根据此长度量取所需线缆，一般截取线缆的长度应比线管长至少 1 m。

若无法确定线缆长度，可采取多箱取线的方法：根据线管内穿线的数量准备多箱双绞线，分别从每箱中抽取一根双绞线以备使用。

（4）线缆标记。按照设计图纸和防区编号表规定，用标签纸在线缆的两端分别做上编号。编号必须与设计图纸、防区编号表对应的编号一致。

（5）绑扎线缆与引线。将所穿线缆理线和分类，绑扎在机柜立柱上，保持美观，并且预留足够的长度。绑扎要牢固可靠，防止后续安装与调试中脱落和散落，绑扎节点要尽量小、尽量光滑，可以用扎带或者魔术贴绑扎。

（6）穿线。在线管的另一端，匀速慢慢拽拉带线，直至拉出线缆的预留长度，并解开带线。一般信息插座位置预留线缆长度不得超过 20 cm，机柜位置根据配线架安装位置确定预留长度。拉线过程中，线缆宜与管中心线尽量同轴，保证线缆没有拐弯，整段线缆保持较大的曲率半径。

（7）测试。测试线缆的通断、性能参数等，检验线缆是否在穿线过程中断开或受损。如果线缆断开或受损需及时更换。

（8）现场保护。将线缆的两端预留部分用线扎捆扎，并用塑料纸包裹，以防后期安装损坏线缆。

3. 桥架上线缆的敷设

（1）木桥上的线缆应穿管敷设。在其他结构的桥上敷设的电缆，应在人行道下设线缆沟或穿入由耐火材料制成的管道中。在人不易接触处，线缆可在桥上裸露敷设，但应采取避免太阳直接照射的措施。

（2）悬吊架设的线缆与桥梁架构之间的净距不应小于 0.5 m。

（3）在经常受到振动的桥梁上敷设的线缆，应有防震措施。桥墩两端和伸缩缝处的线缆，应留有松弛部分。

桥架布线的操作步骤如下：

（1）确定路由。根据安装图纸，结合现场情况，确定线缆路由。

（2）量取线缆。根据实际情况量取电缆，一般多预留出至少 1 m 的长度以备端接。也可采取多箱取线的方法：根据线槽内敷设线缆的数量准备多箱双绞线，分别从每箱中抽取一根双绞线以备使用。

（3）线缆标记。根据设计图纸与防区编号表，在线缆的首端、尾端、转弯及每隔50 m处，标签标记每条线缆的编号、型号及起止点等标记。

（4）敷设并固定线缆。根据线路路由在线槽内铺放线缆，并即时固定。

固定位置应符合以下规定：垂直敷设时，线缆的上端及每隔1.5～2 m处必须固定；水平敷设时，线缆的首、尾两端、转弯及每隔5～10 m处必须固定。

（5）线路测试。测试线缆的通断、性能参数等，检验线缆是否在敷设过程中断开或受损。如果线缆断开或受损需及时更换。

4. 线缆附件的安装

（1）线缆终端与接头的制作，应由经过培训的熟悉工艺的人员进行。制作时，应严格遵守制作工艺规程。

（2）线缆终端与接头应符合下列要求：

① 类型、规格应与电缆类型如电压、芯数、截面、护层结构和环境要求一致。

② 结构应简单、紧凑，便于安装。

③ 所用材料、部件应符合技术要求。

④ 线缆线芯连接金具，应采用符合标准的连接管和接线端子，其内径应与电缆线芯紧密配合，间隙不应过大；截面宜为线芯截面的1.2～1.5倍。采用压接时，压接钳和模具应符合规格要求。

⑤ 控制线缆在下列情况下可有接头，但必须连接牢固，并不应受到机械拉力。

• 当敷设的长度超过其制造长度时。

• 必须延长已敷设竣工的控制电缆时。

• 当消除使用中的线缆故障时。

5.4.3 线缆的绑扎标准

线缆的绑扎标准如下：

（1）对于插头处的线缆绑扎应按布放顺序进行绑扎，防止线缆互相缠绕。线缆绑扎后应保持顺直，水平线缆的扎带绑扎位置高度应相同，垂直线缆绑扎后应能保持顺直，并与地面垂直，如图5-23所示。

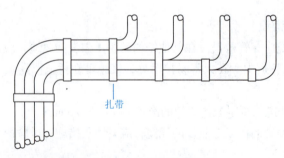

图5-23 插头处的线缆绑扎

（2）选用扎带时应视具体情况选择合适的扎带规格，尽量避免使用多根扎带连接后并扎，以免绑扎后强度降低。扎带扎好后应将多余部分齐根平滑剪齐，在接头处不得带有尖刺，如图5-24所示。

（3）线缆绑扎成束时，一般是根据线缆的粗细程度来决定两根扎带之间的距离。扎带间距应为线缆束直径的3～4倍，如图5-25所示。

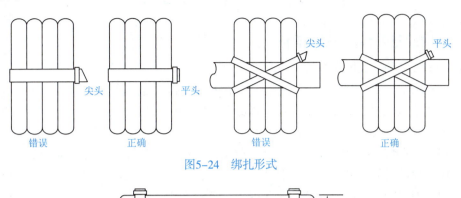

图5-24　绑扎形式

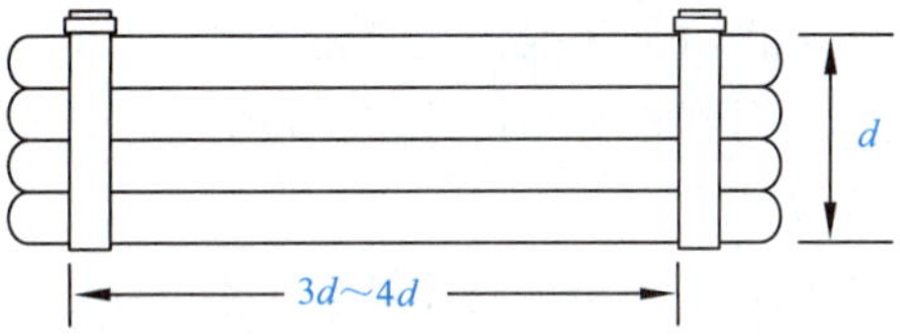

图5-25　线缆绑扎成束时的扎带示意图

（4）绑扎成束的线缆转弯时，扎带应扎在转角两侧，以避免在线缆转弯处用力过大造成断芯的故障，如图5-26所示。

图5-26　弯头处的线缆绑扎

（5）机柜内线缆应由远及近顺次布放，即最远端的线缆应最先布放，使其位于走线区的底层，布放时尽量避免线缆交错，如图5-27所示。

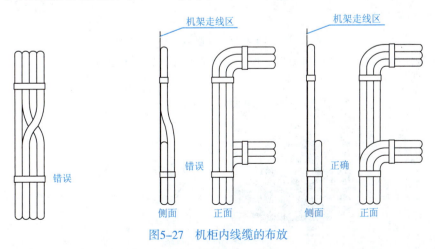

图5-27　机柜内线缆的布放

5.5 入侵报警系统设备的安装

5.5.1 前端设备安装的一般规定

前端设备安装的一般规定如下：

（1）各类探测器的安装，应根据所选产品的特性、警戒范围要求和环境影响等，确定设备的安装点，如安装位置和高度等，特别注意安装方向与角度。探测器应安装牢固，探测器底座和支架应固定牢固，探测范围内应无障碍物。

（2）室外探测器的安装位置应在干燥、通风、无雨水处，并应有防水、防潮措施。

（3）周界探测器的安装，应能保证防区交叉，避免盲区，并应考虑使用环境的影响。

（4）紧急按钮安装位置应隐蔽、便于操作、安装牢固。

（5）导线连接应牢固可靠，外接部分不得外露，并留有适当裕量。

（6）报警系统安装环境及要求：

① 对某些不设围墙的开放式建筑和金融营业场所、重要库房等建筑，还应安装门磁开关、玻璃破碎报警器等，并考虑周界报警。

② 金融营业柜台、商场收银台、重要仓库、居室等应配有紧急按钮。

③ 系统应按时间、按区域或部位任意编程、设防或撤防。

④ 系统应能显示报警部位、时间等报警信息。

⑤ 系统应能考虑与属地区域公共安全防范报警系统联网的需要和可能。

5.5.2 常见探测器的安装

1. 吸顶式双鉴探测器的安装

吸顶式双鉴探测器的安装示意图如图5-28所示。主要步骤如下：

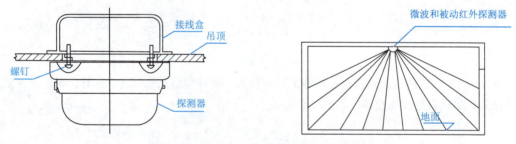

图5-28 吸顶式双鉴探测器的安装示意图

（1）按住探测器外壳顺时针旋转底座，打开探测器，如图5-29所示。

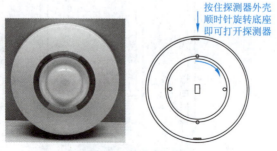

图5-29 打开探测器

（2）根据设计方案，确定探测器的具体安装位置，以探测器基座的安装孔为模板，在天花板上画出打孔位置，并打孔。

（3）将电线从后槽引入探测器基座，并将其固定到天花板上，如图5-30所示。

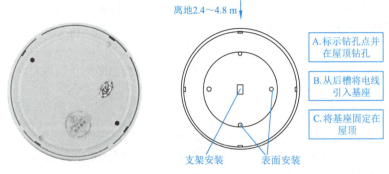

图5-30　安装探测器

（4）探测器接线，根据预留线缆标签及图5-31所示，完成探测器的接线。

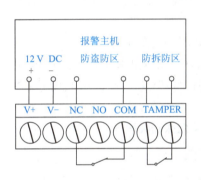
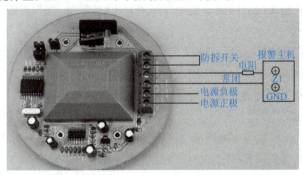

图5-31　探测器接线示意图

（5）给探测器供电后，系统自动检测，自检完毕后，探测器将进入正常工作状态。系统进行6 min的预热稳定后，对微波（MW）和被动红外（PIR）两种技术一起进行测试，拨码开关状态如表5-3所示。

编码开关1为LED控制开关，编码开关2为系统脉冲选择开关，把编码开关2选择ON与OFF时，可以改变探测器的脉冲计数。拨至ON为高灵敏度，拨至OFF为低灵敏度。

表5-3　拨码开关状态表

编码开关	ON	OFF
1	LED-ON	LED-OFF
2	Pulse-ON	Pulse-OFF

注意：调节完毕后，为增强探测器的隐蔽性，可将LED控制开关1拨至OFF。

探测器的保护范围内进行步测，以正常步速2~4步，可能触发LED点亮，当探测区无物移动时，LED熄灭，LED状态如表5-4所示。

表5-4　LED状态表

探测类型	LED状态	报警输出状态
探测器报警	黄绿红同时闪动	表示报警
PIR探测	绿灯亮	表示红外
MW探测	黄灯亮	表示微波

（6）对覆盖区域进行步行测试：

① 通电后，至少等2 min再开始步测。

② 在覆盖区域的远端任何方向穿过，走动时都会引起LED亮起2～3 s。

③ 从相反方向进行步测，以确定两边的周界。应使探测中心指向被保护区的中心。

④ 离探测器3～6 m处，慢慢地举起手臂，并伸入探测区，标注被动红外报警的下部边界。重复上述做法，以确定其上部边界。

⑤ 探测区中心不应向左右倾斜。如果不能获得理想的探测距离，则应左右调整探测范围，以确保探测器的指向不会偏左或偏右。

2. 壁挂双鉴探测器安装

（1）根据现场实际情况，确定探测器的相关参数。确定原则如下：

① 微波可以穿透玻璃和无金属的墙，应根据需要对微波有效范围予以调节，以使其正好覆盖所需要探测的范围。

② 大型的金属物体在覆盖区域内会影响微波的探测灵敏度。

③ 当入侵者的移动轨迹与探测圈成切线时，探测灵敏度最高，覆盖范围的边界是以该方式确定的。

④ 安装时，避免安装在有强烈气流的地方或避免与强电电缆一同布线安装。

⑤ 如果在同一个房间需安装两个探测器，且面对面安装，两者之间的距离应至少大于2 m。

⑥ 当探测器安装在高温环境中时，要取得最佳效果，建议将其对准保护区域中温度及亮度最低的部分。

⑦ 在干扰较强的环境中使用，应增加脉冲计数的个数和降低探测灵敏度。

⑧ 安装探测器的墙面应坚固稳定，无摇摆。

（2）根据设计方案，确定探测器的具体安装位置，以探测器支架的安装孔为模板，在墙面上画出打孔位置，并打孔。

（3）将探测器支架安装固定，用螺钉将探测器固定在支架上。有指示灯一端朝上，底盖平贴墙面，用螺钉固定，探测器距离地面2.0～2.5 m，当探测器需要调整左右及上下角度时，可选配万向支架。图5-32所示为常见的双鉴探测器及其安装支架。

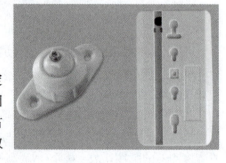

图5-32　常见的双鉴探测器及其安装支架

（4）探测器接线，根据预留线缆标签及图5-33所示，一一对应，完成探测器的接线。

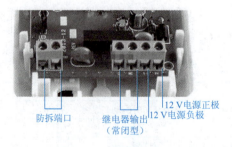

图5-33　探测器常闭型接线示意图

图5-34所示为双鉴探测器安装示意图,图5-35所示为安装在室内墙角的双鉴探测器。

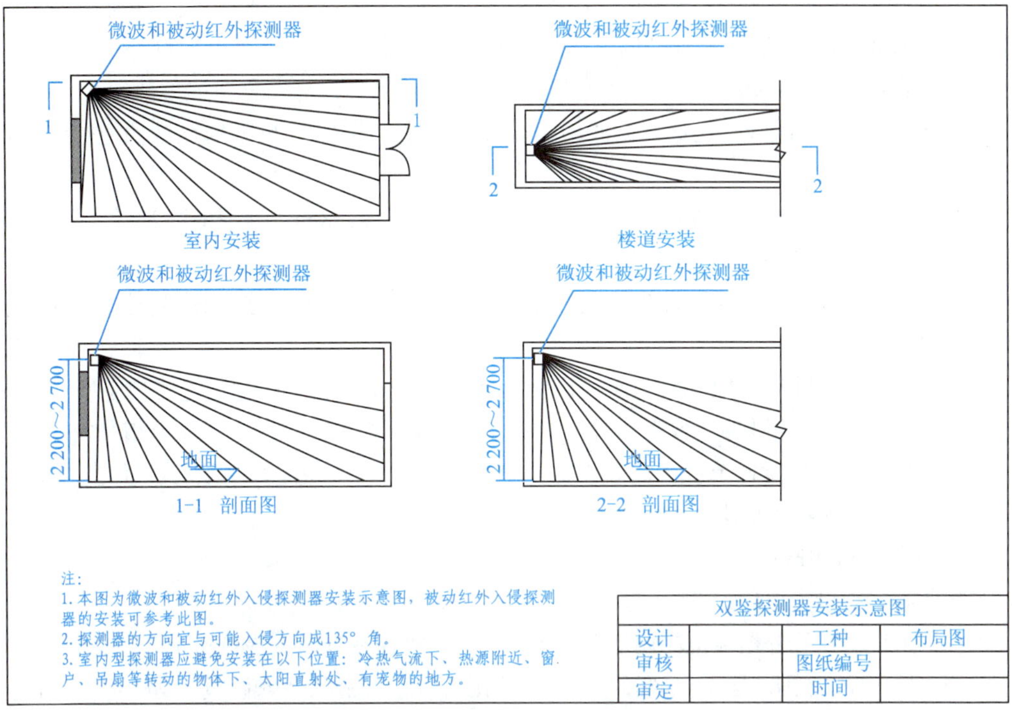

图5-34 双鉴探测器安装示意图

图5-35 安装在室内墙角的双鉴探测器

(5)给探测器供电后,系统自动检测,自检完毕后,探测器将进入正常工作状态。探测器指示灯的意义如表5-5所示。

表5-5 探测器指示灯的意义

黄色指示灯	绿色指示灯	红色指示灯	意　　义
亮5 s	灭	灭	微波探测到入侵者
长亮	灭	灭	微波灵敏度应向MIN方向调节
灭	亮5 s	灭	红外探测到入侵者
亮5 s	亮5 s	亮5 s	微波与红外均探测到入侵者,探测器报警

（6）工作状态的设置：

① LED跳线：指示灯跳线，连通时指示灯可亮，断开时不能亮。

② PIR_EN红外选择跳线：连通时红外功能有效（平时为连通），断开时红外功能被取消而成为单离子探测器。

③ M_EN微波选择跳线：连通时微波功能有效（平时为连通），断开时微波功能被取消而成为单红外。

④ PIR红外距离跳线：连通4～8 m位置时，探测距离为4～8 m；连通6～12 m位置时，探测距离为6～12 m；连通9～18 m位置时，探测距离为9～18 m。

⑤ PIR PULSE红外脉冲计数跳线：连通1位置时，脉冲计数为1；连通2位置时，脉冲计数为2（出厂设置为2）。

⑥ MPULSE微波脉冲计数跳线：出厂设置为20。当脉冲个数为30时报警器响应慢，探测距离近，抗干扰能力强；当脉冲个数为10时报警响应快，探测距离远，抗干扰能力相对较弱。

⑦ M_ADJ微波灵敏度调节：当黄灯长亮（30 s未灭）时，或微波探测距离过远时往MIN方向调节。当微波探测距离过近时，往MAX方向调节。

（7）红外步行测试：

① 将所有状态设为出厂设置。

② 模拟入侵者在红外覆盖范围内活动，当每次活动被探测到时，绿色指示灯时亮5 s。

③ 测出最大有效范围，是否为所需的覆盖区，否则要调整探测器的距离跳线、放置位置或角度。

（8）微波步行测试：

① 将所有状态设为出厂设置。

② 模拟入侵者在微波覆盖范围内活动，当每次活动被探测到时，黄色指示灯时亮5 s。

③ 微波范围调节应由小到大，通过步行测出其覆盖范围的边界，该边界勿超出所希望保护的区域。

（9）报警步行测试：

① 综合红外与微波的步行测试结果。

② 模拟入侵者在保护区域内活动，当每次活动被探测到时，黄色与绿色指示灯同时亮5 s，发出报警信号。

③ 调整红外与微波的覆盖范围至基本重合。

3. 栅栏对射探测器安装

栅栏对射探测器的安装步骤如下：

（1）根据设计方案，确定探测器的具体安装位置，以探测器基座的安装孔为模板，在安装位置物体上画出打孔位置，并打孔。

（2）取出探测器塑料堵头，如图5-36所示。

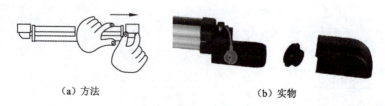

(a) 方法　　　　　　　　(b) 实物

图5-36　取出探测器塑料堵头

（3）取出探测器PCB，如图5-37所示。

（a）方法　　　　　　　　　　（b）实物

图5-37　取出探测器PCB

（4）进行探测器接线，完成后对准槽位装回PCB。接线图如图5-38、图5-39所示。

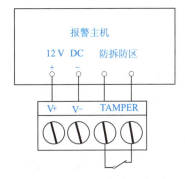
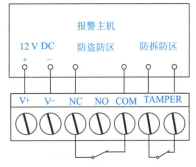

图5-38　投光器接线示意图　　　　图5-39　受光器接线示意图

（5）安装固定探测器。用手向外推开弧形防水盖，穿过引线，并从支架下部引出，将探测器安装固定在安装位置，扣回弧形防水盖即可。图5-40所示为其走线、固定孔位图，图5-41所示为安装在围墙上的栅栏对射探测器。

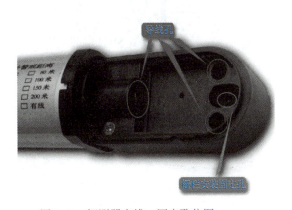

图5-40　探测器走线、固定孔位图　　　图5-41　安装在围墙上的栅栏对射探测器

安装注意事项：

① 不要安装在晃动的物体上。

② 不要安装在基础不稳定的柱子上。

③ 探测器之间不能有障碍物。

④ 地面离最下部光束的距离应在10～30 cm之间，可根据实际情况略调节。

⑤ 无特殊情况可垂直安装。

⑥ 探测器的引线尽可能布在暗槽中，并且引线安装时必须朝下。

(6)通电测试:
① 先将投光器对准受光器。
② 左右调节受光器外壳,先向左转动直到蜂鸣器响为止,记下角度;然后,向右转动直到蜂鸣器响为止,记下角度。此时,两个角度的中间点就是最佳光轴位置,如图5-42所示。

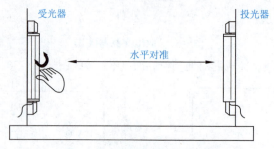

图5-42 调节投光器与受光器

③ 受光器调至最佳光轴位置后,遮挡受光器任何一束光束,可用手掌横向贴放到受光面位置上下来回遮挡。若蜂鸣器不响,说明光轴已是最佳效果;若蜂鸣器响,请将受光器进行微调,最小角度下转动,直到遮挡住任何一束光束,蜂鸣器不响为止。
④ 进行步行测试,分别步行和跑步通过探测器探测范围,测试探测器的探测能力及灵敏度等,蜂鸣器均发声则表示探测器工作正常,如图5-43所示。

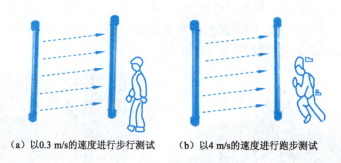

(a) 以0.3 m/s的速度进行步行测试　　(b) 以4 m/s的速度进行跑步测试

图5-43 步行测试

4. 红外对射探测器安装

(1)墙壁安装:
① 拆下固定螺钉取下外罩,如图5-44所示。
② 将附带的安装型板粘在墙上,按其孔位打孔,如图5-45所示。

图5-44 取下外罩

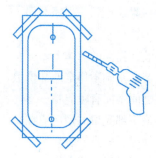

图5-45 打孔

③将电缆穿过配线孔进行配线，如图5-46所示。
④将探测器固定在墙上，如图5-47所示。

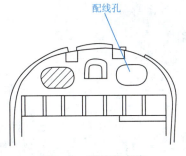

图5-46　配线孔穿线

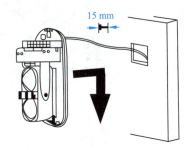

图5-47　固定探测器

⑤将电缆线接入配线端子，如图5-48～图5-50所示。

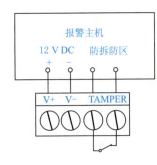

图5-48　投光器接线图　　图5-49　受光器接线图　　图5-50　接线操作图

⑥安装探测器外护罩即可。
⑦探测器测试。人为阻挡探测器光线，产生报警信号即表示工作正常。

（2）固定支架安装：
①在支架上开好引线孔，并引出电缆线，如图5-51所示。
②取下外罩，将基板固定在支架上，如图5-52所示。

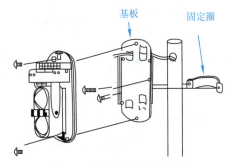

图5-51　引出电缆线　　　　　图5-52　将基板固定在支架上

③光轴调整。取下外罩后输入电源，距瞄准镜10 cm左右观察瞄准效果。调整上下角调整螺钉及水平调整架，使对面的探测器影像落入瞄准孔中间部位。此时，受光器的GOOD指示灯点亮，指示灯不亮时可继续调整光轴。

④安装探测器外护罩即可。
⑤探测器测试。人为阻挡探测器光线，产生报警信号即表示工作正常。

图5-53所示为安装在围墙上的红外对射探测器。

图5-53　安装在围墙上的红外对射探测器

5.5.3　报警控制器的安装

1. 报警控制器的安装要求

（1）报警控制器的安装应符合《电气装置工程安装及验收规范》的要求。

（2）报警控制器安装在墙上时，其底边距地板面高度不应小于1.5 m，正面应有足够的活动空间。

（3）报警控制器必须安装牢固、端正。安装在松质墙上时，应采取加固措施。

（4）引入报警控制器的电缆或导线应符合下列要求：

① 配线应排列整齐，不准交叉，并应固定牢固。

② 引线端部均应编号，所编序号应与图纸一致，且字迹清晰不易褪色。

③ 端子板的每个接线端，接线不得超过两根。

④ 电缆芯和导线留有不小于20 cm的余量。

⑤ 导线应绑扎成束。

⑥ 导线引入线管时，在进线管处应封堵。

（5）报警控制器应牢固接地，接地电阻值应小于4Ω；若采用联合接地装置，接地电阻应小于1Ω。接地应有明显标志。

2. 具体的安装步骤

（1）固定。报警控制器应该固定在方便连接电源、电话线和接地的地方。

① 机箱中取出电路板，以免打预制孔时损坏电路板。

② 按需要打开预制孔，在墙上标出螺钉孔，并打孔。

③ 在合适的高度安装机箱、穿过电缆。

④ 放回电路板，接上接地线。连接门下端的铁铰链，以给铁门接地。

（2）接地。将地线插头插入机箱门下部的合页处，使箱门接地。为了使防雷击电路正常工作，报警控制器必须接地。理想的情况是电力线、电话线、安全系统有公共的接地端。这种地叫"公共地"，其保护性能最佳。将与主机箱体相连的那根黄绿色相间的导线接到接地排或者接地端子，即可实现箱体接地，如图5-54所示。

单元 5　入侵报警系统工程的安装

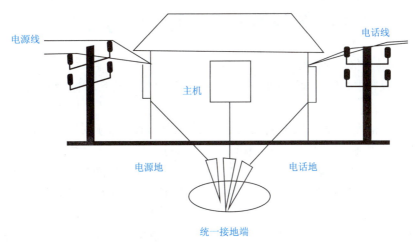

图5-54　报警主机接地

图5-55所示为家庭入侵报警系统设备安装布局图。

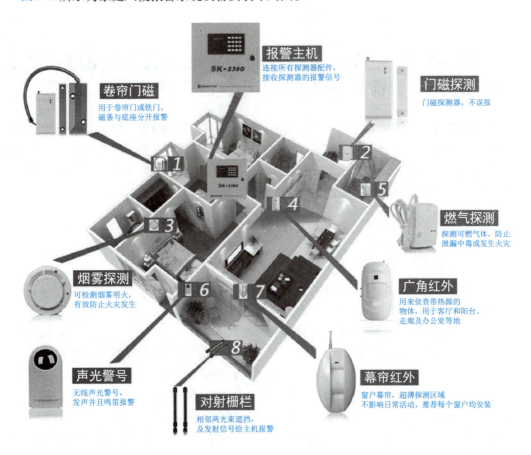

图5-55　家庭入侵报警系统设备安装布局图

129

5.6 入侵报警系统的供电与接地

入侵报警系统的供电与接地应注意以下几点:

(1) 入侵报警中心应配置不间断电源,在市电停电的情况下,电池组能够满足8 h的工作需要。

(2) 所有设备的接地电阻应进行测量,经测量达不到设计要求时,应采取措施使其满足设计要求。一般单独接地电阻≤4Ω,联合接地电阻≤1Ω。

(3) 报警中心内接地母线的走向、规格应符合设计要求。安装时应符合下列规定:

① 接地母线的表面应完整,无明显损伤和残余焊剂渣,铜带母线光滑无毛刺,绝缘线的绝缘层不得有老化龟裂现象。

② 接地母线应铺放在地槽或电缆走道中央,并固定在架槽的外侧,母线应平整,不得有歪斜、弯曲。母线与机架或机顶的连接应牢固端正。

③ 电缆走道上的铜带母线可采用螺钉固定,电缆走道上的铜绞线母线应绑扎在横挡上。

(4) 入侵报警系统的防雷接地安装应严格按设计要求安装。

5.7 典型案例3 天津市现代服务业职业技能培训鉴定基地智能楼宇工程实训中心安装案例

为了方便读者全面直观地了解工程安装流程,加深对安装的理解,快速掌握安装关键技术和主要方法,提高工程安装的能力和水平,掌握工程经验,保证工程项目的质量等,下面以天津市现代服务业职业技能培训鉴定基地智能楼宇工程实训中心的安装为例,重点介绍该项目的前期安装准备、设备安装、布线和理线等关键技术和工程经验。

5.7.1 项目基本情况

项目的基本情况如下:

(1) 项目名称:智能楼宇工程实训中心实训设备。

(2) 项目地址:中国公共实训中心(天津)。

(3) 建设单位:天津市现代服务业职业技能培训鉴定基地。

(4) 设计安装单位:西安开元电子科技有限公司。

(5) 项目概况:天津市现代服务业高技能人才培训基地建设项目是目前全国最大的产教融合示范工程,该项目位于中国公共实训中心(天津),2012年开始规划和方案论证,实训室总面积560 m²。2016年5月发标,2016年11月开标,西元公司中标,中标价268.52万元。2017年3月开始进场安装,2017年4月竣工交付,2017年5~7月,西元公司与实训中心深度校企合作,联合举行了6次职业技能鉴定培训班,培训鉴定300多名专业技能人才,培训鉴定费收入85万元,全年预计培训1 000人,预计培训鉴定费收入285万元。图5-56所示为平面布局图,图5-57所示为每个工位设备安装位置图。

(6) 主要设备:天津市现代服务业高技能人才培训基地智能楼宇工程实训中心设备安装与维护实训室论证时间长,技术要求高,投资大,总投入268万元,场地面积大,设备多,共计13大类、126台(套)。

单元5　入侵报警系统工程的安装

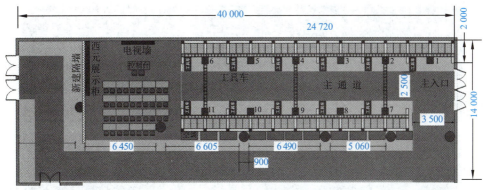

图5-56　中国公共实训中心（天津）智能楼宇工程实训中心平面布局图（单位：mm）

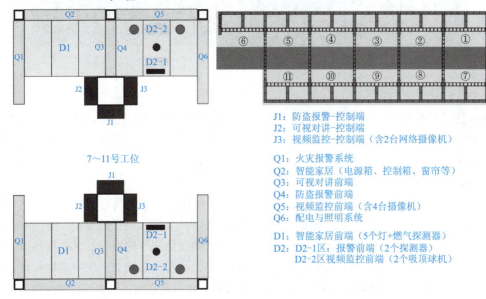

图5-57　中国公共实训中心（天津）智能楼宇工程实训中心工位设备安装位置图

① 智能楼宇工程技术实训装置，西元KYSYZ-05-04E，数量11套。
② 智能楼宇工程技术实训工具车，西元KYSYT-1200-600，数量11套。
③ 智能楼宇控制中心实训装置，西元KYZNH-600-600，数量11套。
④ 视频监控及周边防范实训装置，西元KYZNH-01-2，数量11套。
⑤ 出入口防盗报警实训装置，西元KYZNH-02-2，数量11套。
⑥ 可视对讲及室内安防实训装置，西元KYZNH-04-2，数量11套。
⑦ 楼宇综合布线实训装置，西元KYPXZ-01-52，数量11套。
⑧ 楼宇综合布线器材展示柜，西元KYZNH-91、92、93、94，数量4台。
⑨ 火灾自动报警及消防实训装置，西元KYZNH0-08，数量11套。
⑩ 楼宇设备智能监控实训装置，西元KYZNH-09，数量11套。
⑪ 智能家居实训装置，西元KYZNH-53，数量11套。
⑫ 控制中心实训系统，西元KYZNH-62，数量11套。
⑬ 光纤熔接机，西元KYRJ-369，数量1台。

图5-58所示为主要设备安装竣工后照片。

图5-58 中国公共实训中心（天津）智能楼宇工程实训中心设备照片

5.7.2 项目安装关键技术

该项目设备型号多，规格复杂，技术难度大，涉及多个专业工种，工期紧，安装任务繁重，西元公司进行了精心准备，顺利完成了安装。下面以该项目入侵报警系统部分为例，集中介绍该项目安装的关键技术，分享工程经验。

1. 检查安装应满足的条件

（1）成立项目部，检查现场环境和安装条件。在项目中标后，西元公司立即成立天津实训中心项目安装项目部，由西元工程部总经理亲自担任项目经理，项目经理专程前往天津，自带激光测距仪等工具，实际测量实训室尺寸，并且与前期投标文件的设计方案进行核对，测量场地暖气管道、消防管道、配电箱、立柱等尺寸和位置，落实局部细节，现场规划和设计布局图，确认设计方案。检查现场环境和安装条件，预订酒店和落实吃饭、饮水等生活问题。

（2）西元销售部、技术部和工程部多次召开专题会，进行技术交底，完成全部技术文件和图纸设计。安排设备配置表等安装文件编制，每台产品、每组设备安装图等图纸设计工作。围绕工程实训装置钢结构、顶板、桥架等进行多次论证和设计，核算钢结构承载强度，向用户提交活载荷计算书。

详细设计每种产品的安装安装图，包括系统图、设备安装图、设备就位图、布线图等。图5-59所示为入侵报警系统图。该系统共有11个工位，每个工位都有1套完整的入侵报警系统，包括各种前端探测器、报警主机、控制键盘等。为了帮助现场安装安装人员快速读懂和理解图纸，保证安装正确，设计人员在系统图下专门增加了设备安装布局图，如图5-60所示。这些图纸全部需要设计、审核、审定和批准人员签字，经过用户会审同意，最后晒成A2幅面蓝图，发货到安装现场，坚持按图安装。

（3）准备设备和器材。在公司库房仔细检查并核对，保证全部设备和器材符合投标文件规定，并且分类打包，在箱外注明规格和型号。各种探测器等有源设备提前通电检查，保证质量合格。各种辅助器材和配件数量齐全，没有漏项和缺少，满足连续安装和阶段安装的要求。如果出现材料短缺，就会影响工期，严重时甚至造成停工，增加安装的直接成本。

单元5 入侵报警系统工程的安装

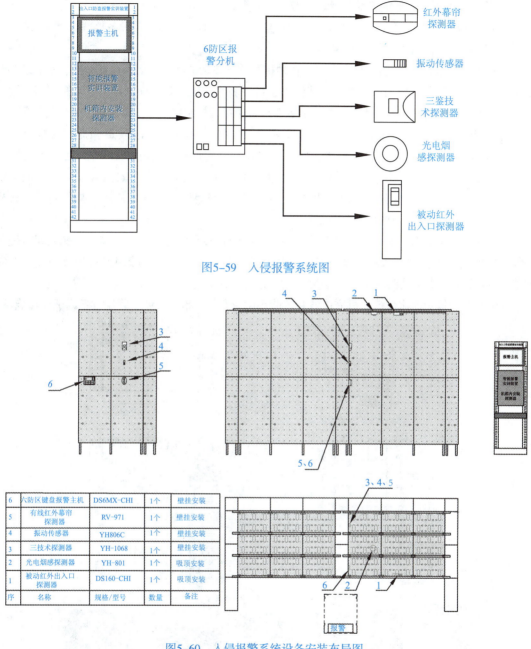

图5-59 入侵报警系统图

图5-60 入侵报警系统设备安装布局图

（4）准备安装工具。该项目设备数量多、安装人员多，周期长，为了提高安装效率，西元公司准备了大量的工具，包括现场搬运使用的地牛车2台、登高梯子5把、移动工具车2台、零件工具盒5个、工具箱5个、电钻2把、电动起子10把、腰包10个、安全帽10个等。

（5）提前预装配和通电检查。为了保证质量和提高安装效率，提前在西元公司生产车间进行了大量的预装配工作，例如对探测器进行组装、提前压接各种接线插头和电源线接头、进行设备编号等工作。例如，对前端探测器设备主要进行了下列检查：

① 对88个探测器逐个通电进行检测和调试，保证探测器正常工作，然后装箱。

② 检查探测器外观、结构有无破损等。

③检查探测器与支架的安装尺寸，并且进行试装。

④按区域分配确认每套入侵报警系统材料是否齐全，对每套的相关设备接线分类编号等。

2. 前端探测器设备安装

该项目入侵报警系统共有11组，每组有8种探测器，包括被动红外出入口探测器、光电烟感探测器、三技术探测器、振动传感器、有线红外幕帘探测器、红外对射探测器、双鉴探测器、被动红外探测器等，共计有88个探测器。其他配置有报警主机、控制键盘、手动紧急按钮、警号等。

探测器的安装方式有吸顶安装、壁装等安装方式。为了保证安装质量和提高安装效率，西元项目部指定专人安装各种探测器。按照首先安装一套设备所有探测器，第1套设备安装完毕后，项目经理检查和确认正确，再继续安装其余的10套。每种探测器都这样安装，保证位置正确，不会安装错误。因为同一种探测器包装箱相同，安装位置相同，使用工具相同，支架相同，螺钉等配件也相同，保证了安装效率。

实训装置由11组E型工位还原了工程现场，采用开放式操作，每个工位满足4～6人同时进行布线、智能楼宇工程实训操作。实训装置采用高强度方钢支架。各个模块通过焊接而成。在实训装置的E型工位中（见图5-61），安装有入侵报警、视频监控、可视对讲、消防系统、智能家居、配电与照明等智能化系统，可完成各系统前端设备安装、布线安装、终端设备调试等功能。

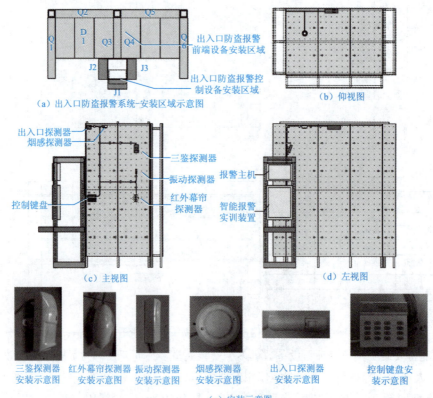

图5-61 入侵报警系统安装示意图

在E型工位区域，根据实际工程合理安装了入侵报警系统，各种工程常用探测器安装在了工位模拟房间墙面上，通过线缆连接到前面的实训装置上，组成一个完整的入侵报警系统。

设备的安装与实训要求：

（1）出入口防盗报警前端探测器和控制键盘安装在工位墙面Q4面，报警主机等主控设备安装在机架J1位置。

（2）三鉴探测器、振动探测器、幕帘探测器按图示位置，用M6螺钉安装在墙面。

（3）控制键盘：用M6螺钉安装在墙面。与机架连接线预留1 m，便于机架移动位置。

（4）出入口探测器：安装在顶板前沿中间位置，用M6螺钉固定。

（5）烟感探测器：安装在顶板中间位置，用M6螺钉固定。

3. 布线和理线

按照入侵报警系统安装布局图及示意图规定，具体布线路由和要求如下：

（1）通信布线。从各个探测器向实训装置布线，用M6×16螺钉、螺母在墙面和顶板安装理线环，要求理线环间距为200～300 mm，并且用100 mm线扎捆绑整齐，尽量穿入吊顶上。

（2）电源布线。从实训装置报警主机接线端子向各个探测器布设电源线。

（3）报警系统全部线材均在工厂提前做好，压接好相应的接头。线材接头和端头做好后，必须经过测试，保证线路畅通。在每根线上做好标记，每台的线材作为一件盘卷好。线缆长度和数量见西元天津入侵报警系统线缆、配件汇总清单。

（4）现场安装时，根据图示要求布线和连接设备并调试正常运行。

（5）所有探测器到报警主机的电线在公司全部做好，用蛇形管缠绕，做好标记。

（6）现场安装时按照图5-61所示位置和路径用理线环固定在墙面。

（7）允许项目经理根据现场情况做适当调整，要求设备安装位置合理，实训操作方便，布线整体和美观，兼顾参观和展示功能。

习　题

一、填空题（10题，每题2分，合计20分）

1. 入侵报警系统工程的安装质量直接决定工程的_____、稳定性和_____等工程质量。（参考前言）

2. 入侵报警系统工程的安装流程包括安装准备、_____、线缆敷设、_____。（参考5.1知识点）

3. 工程中大量使用各种安装支架、探测器等设备，每个部件的用途和安装部位不同，因此必须按照设计图纸仔细_____，保证全部部件和设备符合_____，特别需要逐一检查设备型号和数量符合设计要求。（参考5.2.2知识点）

4. 在安装前必须检查_____，没有变形和磕碰等明显外伤，保证顺利验收。（参考5.2.2知识点）

5. 在安装现场必须对高空安装的设备，在地面再次进行_____和_____，确保正常时才能安装。（参考5.2.2知识点）

6. 两根钢管对接时必须保证_____和_____，没有错位，焊接时不要焊透管壁，避免在管内形成_____。（参考5.3.1知识点）

7. 在与线缆底盒连接的钢管出口，需要安装专用的护套，保护穿线时_____，不会划破_____。（参考5.3.1知识点）

8. 金属管一般使用专门的_____成型，拐弯半径比较大，能够满足线缆对_____的要求。（参考5.3.1知识点）

9. 土建预埋管一般都在隔墙和楼板中，为了垒砌隔墙方便，一般按照_____的方式安装

线管,不允许将线管_____。(参考5.3.1知识点)

10. 线缆必须统一编号,并且与_____的规定保持一致,编号标签应正确齐全、_____、不易擦除。(参考5.4.1知识点)

二、选择题(10题,每题3分,合计30分)

1. 预埋在楼板中暗埋管的最大管外径不宜超过( )mm,预埋在墙体中间暗管的最大管外径不宜超过( )mm,室外管道进入建筑物的最大管外径不宜超过( )mm。(参考5.3.1知识点)

   A. 25　　　　B. 50　　　　C. 100　　　　D. 150

2. 平行布管就是同一走向的线管应遵循( )原则,不允许出现( )或者重叠。(参考5.3.1知识点)

   A. 平行　　　B. 垂直　　　C. 交叉　　　D. 遮挡

3. 线管连续原则是指从前端各个( )到( )之间的整个布线路由线管必须连续。(参考5.3.1知识点)

   A. 控制器　　B. 探测器　　C. 报警主机　　D. 报警键盘

4. 电缆管的内径与电缆外径之比不得小于( ),每根电缆管的直角弯不应超过( )个,弯头不应超过( )个。(参考5.3.2知识点)

   A. 1　　　　B. 1.5　　　C. 2　　　　　D. 3

5. 电缆管应安装牢固,电缆管支持点间的距离合理,当设计无规定时,不宜超过( )。(参考5.3.2知识点)

   A. 1m　　　B. 2m　　　C. 3m　　　　D. 5m

6. 线管的敷设方式一般分为( )敷设和( )敷设。(参考5.3.4知识点)

   A. 暗埋管　　B. 明管　　　C. 垂直　　　D. 水平

7. 直埋线缆的上、下部应铺以不小于( )mm厚的软土或沙层,并加盖保护板,其覆盖宽度应超过线缆两侧各( )mm,保护板可采用混凝土盖板或砖块。(参考5.4.2知识点)

   A. 120　　　B. 100　　　C. 80　　　　D. 50

8. 直埋线缆在直线段每隔( )m处、电缆接头处、转弯处、进入建筑物等处,应设置明显的方位标志。(参考5.4.2知识点)

   A. 10~20　　B. 20~30　　C. 30~50　　D. 50~100

9. 入侵报警中心应配置不间断电源,在市电停电的情况下,电池组能够满足( )的工作需要。(参考5.7知识点)

   A. 3h　　　B. 5h　　　C. 8h　　　　D. 12h

10. 所有设备的接地电阻应进行测量,经测量达不到设计要求时,应采取措施使其满足设计要求。一般单独接地电阻≤( )Ω,联合接地电阻≤( )Ω。(参考5.7知识点)

    A. 4　　　　B. 3　　　　C. 2　　　　　D. 1

三、简答题(5题,每题10分,合计50分)

1. 简述入侵报警系统安装前材料、部件和设备检查内容。(参考5.2.2知识点)
2. 简述入侵报警系统管路敷设原则。至少填写10项。(参考5.3.1知识点)
3. 简述用弯管器自制PVC塑料弯头的方法和步骤。(参考5.3.4知识点)
4. 简述线管内线缆布设的基本步骤。(参考5.4.2知识点)
5. 简述桥架布线的操作步骤。(参考5.4.2知识点)

互动练习9　入侵报警系统管路敷设原则

专业_____　　姓名_____　　学号_____　　成绩_____

1. 穿线数量原则

不同规格的线管，根据拐弯的多少和穿线长度的不同，管内布放线缆的最大条数也不同。同一个直径的线管内如果穿线太多，则拉线困难；如果穿线太少，则增加布线成本，这就需要根据现场实际情况确定穿线数量。请完成常用线管规格型号与容纳的双绞线数量表缺少内容的填写。

常用线管规格型号与容纳的双绞线数量表

线管类型	线管规格/mm	容纳双绞线最多条数	截面利用率
PVC、金属	16		
PVC	20		
PVC、金属	25		
PVC、金属	32		
PVC	40		
PVC、金属	50		
PVC、金属	63		
PVC	80		
PVC	100		

2. 保证管口光滑和安装护套原则

在与线缆底盒连接的钢管出口，需要安装专用的护套，保护穿线时顺畅，不会划破缆线。简单绘制钢管端口安装保护套示意图。

钢管端口安装保护套示意图

入侵报警系统工程安装维护与实训

互动练习10　报警控制器的安装

专业_____　　姓名_____　　学号_____　　成绩_____

下图所示为家庭入侵报警系统设备安装布局图，请填写图中各序号对应的设备名称，并简要描述各设备的功能。

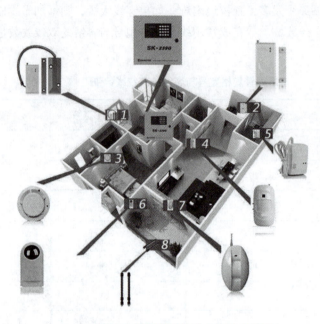

家庭入侵报警系统设备安装布局图

1: _____

2: _____

3: _____

4: _____

5: _____

6: _____

7: _____

8: _____

实训6　手动紧急按钮的安装调试

1. 实训任务来源
手动紧急按钮是入侵报警前端必不可少的人为手动报警装置，安装质量直接决定工程的可靠性、稳定性等，熟练掌握其安装调试技术是安装与维护技术人员的必备技能。

2. 实训任务
每人独立完成手动紧急按钮的安装调试。要求安装牢固可靠，电缆连接正确。

3. 技术知识点
（1）手动紧急按钮的安装和接线方式。
（2）手动紧急按钮与其他设备的连接关系。
（3）手动紧急按钮的调试方法。

4. 实训课时
（1）该实训共计2课时完成，其中技术讲解和视频演示25 min，学员实际操作45 min，实训评判10 min，实训总结、整理清洁现场10 min。
（2）课后作业2课时，独立完成实训报告，提交合格实训报告。

5. 实训指导视频
978-7-113-28652-1-实训6《手动紧急按钮的安装调试》（7分56秒）

手动紧急按钮的安装调试

6. 实训设备
"西元"智能报警系统实训装置，产品型号：KYZNH-02-2。
本实训装置专门为满足入侵报警系统的工程设计、安装调试等技能培训需求开发，配置有手动紧急按钮、报警主机、控制键盘等全套入侵报警系统设备，特别适合学生认知和操作演示，具有工程实际使用功能，能够在真实的应用环境中进行工程安装实践和操作管理，理实合一。

7. 实训材料和工具
实训材料：手动紧急按钮一个、安装螺丝若干、传输线缆适量、冷压端子若干。
实训工具：西元智能化系统工具箱，型号KYGJX-16，包括十字螺丝刀、十字微型螺丝批、多用剪刀、剥线钳、压线钳等。

8. 实训步骤
（1）预习和播放视频
课前应预习，初学者提前预习，反复观看实训指导视频，熟悉主要关键技能。
（2）手动紧急按钮的安装调试步骤和方法
第一步：准备和检查器材。重点检查接线端子和螺丝是否齐全完整，设备是否有损伤等，如图5-62所示。
第二步：准备连接线。
①用剪刀裁剪信号线1根，要求：黄色RV0.5电线，长度为0.8 m。
②用剪刀裁剪信号线1根，要求：绿色RV0.5电线，长度为0.8 m。
第三步：用剥线钳将两根信号线缆的两端，分别剥出适当长度的线芯。注意剥除线缆时，选择合适的豁口，切忌划伤线芯。
第四步：利用压线钳将两线缆的一端压接在冷压端子上。

第五步:在手动紧急按钮上接线。

接入控制信号线,如图5-63所示,将黄色信号线接入标记"NC"的端口,将绿色信号线接入标记"C"的端口。

第六步:安装手动紧急按钮。利用螺丝刀将手动紧急按钮安装到机架指定位置上,如图5-64所示。

图5-62 紧急按钮

图5-63 紧急按钮接线

图5-64 安装手动紧急按钮

第七步:设置防区,接入报警系统。

将手动紧急按钮接入"实训操作接线端子",实现与报警主机连接,具体接线位置按照设计文件规定的防区进行,本实训要求如下:

将手动紧急按钮的信号线分别接在Z16、C端口,如图5-65所示。首先制作冷压端子,然后接线。

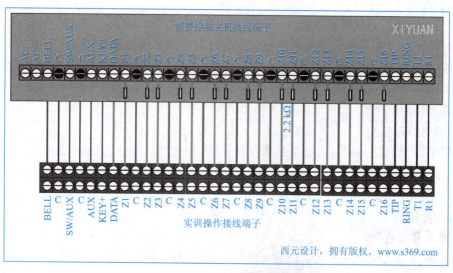

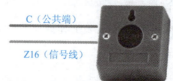

图5-65 手动紧急按钮接线端口图

第八步:系统调试。

① 确认设备安装接线的可靠、正确,设备通电。

② 设备布防。在操作键盘上完成设备的布防操作,具体操作可参考本书实训2。

③ 手动触发报警按钮，观察是否触发报警响应，发出声光报警。

④ 若系统不能发出声光报警，表示设备安装接线错误。根据实训步骤仔细检查，直至产生报警。

⑤ 完成设备撤防及消除报警信息操作，具体操作可参考本书实训2。

9. 实训报告

按照单元1表1–2所示的实训报告要求和模板，独立完成实训报告，2课时。

实训7　红外光栅探测器的安装调试

1. 实训任务来源

红外光栅探测器是入侵报警系统常见的前端探测报警装置，安装质量直接决定工程的可靠性、稳定性等，熟练掌握其安装调试技术是安装与维护技术人员的必备技能。

2. 实训任务

每人独立完成红外光栅探测器的安装调试。要求安装牢固可靠，电缆连接正确。

3. 技术知识点

（1）红外光栅探测器的安装和接线方式。

（2）红外光栅探测器与其他设备的连接关系。

（3）红外光栅探测器的调试方法。

4. 实训课时

（1）该实训共计2课时完成，其中技术讲解和视频演示25 min，学员实际操作45 min，实训评判10 min，实训总结、整理清洁现场10 min。

（2）课后作业2课时，独立完成实训报告，提交合格实训报告。

红外光栅探测器的安装调试

5. 实训指导视频

978-7-113-28652-1-实训7《红外光栅探测器的安装调试》（9分05秒）

6. 实训设备

"西元"智能报警系统实训装置，产品型号：KYZNH-02-2。

本实训装置专门为满足入侵报警系统的工程设计、安装调试等技能培训需求开发，配置有红外光栅探测器、报警主机、控制键盘等全套入侵报警系统设备，特别适合学生认知和操作演示，具有工程实际使用功能，能够在真实的应用环境中进行工程安装实践和操作管理，理实合一。

7. 实训材料和工具

实训材料：红外光栅探测器2套、安装螺丝若干、传输线缆适量、冷压端子若干。

实训工具：西元智能化系统工具箱，型号KYGJX-16，包括十字螺丝刀、一字微型螺丝批、多用剪刀、剥线钳、压线钳等。

8. 实训步骤

（1）预习和播放视频

课前应预习，初学者提前预习，反复观看实训指导视频，熟悉主要关键技能。

（2）红外光栅探测器的安装调试步骤和方法

第一步：准备和检查器材。重点检查接线端子和螺丝是否齐全完整，设备是否有损伤等，如图5-66所示。

第二步：准备连接线。

① 用剪刀裁剪电源火线4根，要求：红色RV0.5电线，每根1.5 m。

② 用剪刀裁剪电源零线4根，要求：蓝色RV0.5电线，每根1.5 m。

③ 用剪刀裁剪信号线2根，要求：黄色RV0.5电线，每根1.5 m。

④ 用剪刀裁剪信号线2根，要求：绿色RV0.5电线，每根1.5 m。

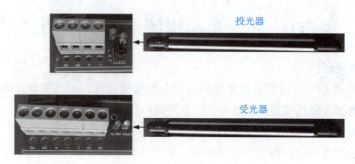

图5-66 栅栏对射探测器及其接线端子

第三步：用剥线钳将线缆的两端分别剥出适当长度的线芯。注意剥除线缆时，选择合适的豁口，切忌划伤线芯。

第四步：利用压线钳将每根线缆的一端压接在冷压端子上。

第五步：在栅栏式红外对射探测器上接线。

① 接入电源线。如图5-67、图5-68所示，将电源火线（红色）接入标记有"+"的端口，将电源零线（蓝色）接入标记有"-"的端口。

② 接入控制信号线，如图5-68所示，将黄色信号线接入标记"NC"的端口，将绿色信号线接入标记"C"的端口。

第六步：安装探测器。将探测器安装到机架上，如图5-69所示。

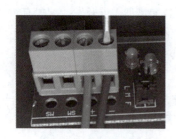
图5-67 投光器接线

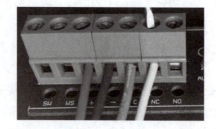
图5-68 受光器接线

图5-69 安装探测器

第七步：设置防区，接入报警系统。

将探测器接入"实训操作接线端子"，实现与报警主机连接，具体接线位置按照设计文件规定的防区进行，本实训要求如下：

① 将左侧探测器的信号线分别接在Z4、C端口，如图5-70所示。

② 将右侧探测器的信号线分别接在Z14、C端口，如图5-71所示。

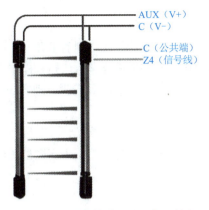

图5-70 探测器接线图（左侧立柱）　　图5-71 探测器接线图（右侧立柱）

第八步：系统调试。

① 确认设备安装接线的可靠、正确，设备通电。

② 设备布防。在操作键盘上完成设备的布防操作，具体操作可参考本书实训2。

③ 人为挡在投光器与受光器之间，观察是否触发报警响应，发出声光报警。

④ 若系统不能发出声光报警，表示设备安装接线错误。根据实训步骤仔细检查，直至产生报警。

⑤ 完成设备撤防及消除报警信息操作，具体操作可参考本书实训2。

9. 实训报告

按照单元1表1-2所示的实训报告要求和模板，独立完成实训报告，2课时。

实训8　双鉴探测器的安装调试

1. 实训任务来源

双鉴探测器是入侵报警系统常见的前端探测报警装置，安装质量直接决定工程的可靠性、稳定性等，熟练掌握其安装调试技术是安装与维护技术人员的必备技能。

2. 实训任务

每人独立完成双鉴探测器的安装调试。要求安装牢固可靠，电缆连接正确。

3. 技术知识点

（1）双鉴探测器的安装和接线方式。

（2）双鉴探测器与其他设备的连接关系。

（3）双鉴探测器的调试方法。

4. 实训课时

（1）该实训共计2课时完成，其中技术讲解和视频演示25min，学员实际操作45min，实训评判10min，实训总结、整理清洁现场10min。

（2）课后作业2课时，独立完成实训报告，提交合格实训报告。

5. 实训指导视频

978-7-113-28652-1-实训8《双鉴探测器的安装调试》（6分53秒）

视 频

双鉴探测器的
安装调试

6. 实训设备

"西元"智能报警系统实训装置,产品型号:KYZNH-02-2。

本实训装置专门为满足入侵报警系统的工程设计、安装调试等技能培训需求开发,配置有双鉴探测器、报警主机、控制键盘等全套入侵报警系统设备,特别适合学生认知和操作演示,具有工程实际使用功能,能够在真实的应用环境中进行工程安装实践和操作管理,理实合一。

7. 实训材料和工具

实训材料:双鉴探测器2个、安装螺丝若干、传输线缆适量、冷压端子若干。

实训工具:西元智能化系统工具箱,型号KYGJX-16,包括十字螺丝刀、十字微型螺丝批、多用剪刀、剥线钳、压线钳等。

8. 实训步骤

(1)预习和播放视频

课前应预习,初学者提前预习,反复观看实训指导视频,熟悉主要关键技能。

(2)双鉴探测器的安装调试步骤和方法

第一步:准备和检查器材。重点检查接线端子和螺丝是否齐全完整,设备是否有损伤等,如图5-72所示。

 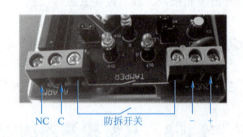

图5-72 双鉴探测器及其接线端子

第二步:准备连接线。

① 用剪刀裁剪电源火线2根,要求:红色RV0.5电线,每根1.8 m。
② 用剪刀裁剪电源零线2根,要求:蓝色RV0.5电线,每根1.8 m。
③ 用剪刀裁剪信号线2根,要求:黄色RV0.5电线,每根1.8 m。
④ 用剪刀裁剪信号线2根,要求:绿色RV0.5电线,每根1.8 m。

第三步:用剥线钳将线缆的两端,分别剥出适当长度的线芯。注意剥除线缆时,选择合适的豁口,切忌划伤线芯。

第四步:利用压线钳将每根线缆的一端压接在冷压端子上。

第五步:在双鉴探测器上接线。

① 接入电源线。如图5-73所示,将电源火线(红色)接入标记有"+"的端口,将电源零线(蓝色)接入标记有"-"的端口。

② 接入控制信号线。按照图5-73所示,将黄色信号线接入标记"NC"的端口,将绿色信号线接入标记"C"的端口。

第六步:安装探测器。将探测器安装到机架上,如图5-74所示。

单元 5 入侵报警系统工程的安装

图 5-73 双鉴探测器接线

图 5-74 双鉴探测器安装

第七步：设置防区，接入报警系统。

将双鉴探测器接入如图 5-75 所示的"实训操作接线端子"，实现与报警主机连接，具体接线位置按照设计文件规定的防区进行，本实训要求如下：

（1）将左侧探测器的信号线分别接在 Z3、C 端口，如图 5-76 所示。

（2）将右侧探测器的信号线分别接在 Z13、C 端口，如图 5-77 所示。

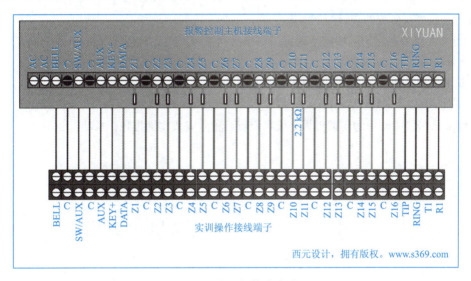

图 5-75 实训操作接线端子

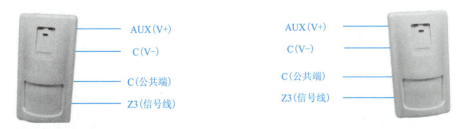

图 5-76 探测器接线图（左侧立柱）　　图 5-77 探测器接线图（右侧立柱）

第八步：初步调试。

① 确认设备安装接线的可靠、正确，设备通电。

② 设备布防。在操作键盘上完成设备的布防操作，具体操作可参考本书实训 1。

③ 人为走进双鉴探测器的探测区域，观察是否触发报警响应，发出声光报警。

④ 若系统不能发出声光报警，表示设备安装接线错误。根据实训步骤仔细检查，直至产生

报警。

⑤ 完成设备撤防及消除报警信息操作，具体操作可参考本书实训1。

第九步：红外步行测试。

① 将所有状态设为出厂设置。

② 模拟入侵者在红外覆盖范围内活动，当每次活动被探测到绿色指示灯亮5 s。

③ 测出最大有效范围，是否为所需的覆盖区，否则要调整探测器的距离跳线，放置位置或角度。

第十步：微波步行测试。

① 将所有状态设为出厂设置。

② 模拟入侵者在微波覆盖范围内活动，当每次活动被探测到黄色指示灯亮5 s。

③ 微波范围调节应由小到大，通过步行测出其覆盖范围的边界，该边界勿超出所希望保护的区域。

第十一步：报警步行测试

① 综合红外与微波的步行测试结果。

② 模拟入侵者在保护区域内活动，当每次活动被探测到，黄色与绿色指示灯同时亮5 s，发出报警信号。

③ 调整红外与微波的覆盖范围至基本重合。

9. 实训报告

按照单元1表1-2所示的实训报告要求和模板，独立完成实训报告，2课时。

单元 6

入侵报警系统工程调试与验收

入侵报警系统的调试是竣工前的重要技术阶段,调试和验收直接决定整个工程的质量和稳定性。本单元将重点介绍入侵报警系统工程调试与验收的关键内容和主要方法。

学习目标:
- 掌握入侵报警系统工程调试的主要内容和方法。
- 掌握入侵报警系统工程验收的主要步骤和填写表格等内容。

6.1 入侵报警系统的调试

6.1.1 入侵报警系统的调试准备工作和要求

入侵报警系统工程的调试工作应由施工方负责,项目负责人或具有工程师资格的专业技术人员主持,必须提前进行调试前的准备工作。

1. 调试前的准备工作

(1)编制调试大纲,包括调试项目和主要内容、开始和结束时间、参加人员与分工等。

(2)编制竣工图,作为竣工资料长期保存,包括系统图、施工图等。

(3)编制竣工技术文件,作为竣工资料长期保存,包括点数表、防区编号表等。

(4)整理和编写隐蔽工程验收单和照片等。

2. 调试前的自检要求

(1)按照设计图纸和施工安装要求,全面检查和处理施工安装中的遗留问题。例如,错接、虚焊、开路等,在自检阶段必须及时解决,并且进行文字记录。

(2)按设计文件的规定再次检查已经安装设备的规格、型号、数量、配件等是否正确。

(3)在全系统通电前,必须再次检查供电设备的输入电压、极性等。

(4)检查吸顶安装、壁装和室外立杆安装探测器是否牢固,没有晃动,保证安全牢固。

3. 调试要求

(1)对各种有源设备逐台、逐个、逐点分别进行通电检查,发现问题及时解决,保证每台设备通电检查正常后,才能对整个系统进行通电调试,并做好调试记录。

(2)按国家现行探测器系列标准等相关标准的规定,检查与调试系统所采用探测器的探测范围、灵敏度、误报警、漏报警、报警状态后的恢复、防拆除报警等功能与指标,应基本符合设计要求。

（3）按GB 12663—2001《防盗报警控制器通用技术条件》国家标准的规定，检查控制器的在本地报警、异地报警、防破坏报警、布防与撤防、报警优先、自检及显示等功能，应符合设计要求。

（4）检查紧急报警时系统的响应时间，应符合设计要求。

4. 供电、防雷与接地设施的检查

（1）检查系统的主电源和备用电源。应根据系统的供电功率，按总系统额定功率的1.5倍配置主电源容量。选择与配置持续工作时间符合管理要求的备用电源。

（2）检查系统在电源电压规定范围内的运行状况，应能正常工作。

（3）分别用主电源和备用电源供电，检查电源自动转换和备用电源的自动充电功能。

（4）当系统采用稳压电源时，检查其稳压特性、电压纹波系数应符合产品技术条件。当采用UPS作备用电源时，应检查其自动切换的可靠性、切换时间、切换电压值及容量，并应符合设计要求。

（5）检查系统的防雷与接地设施，复核土建施工单位提供的接地电阻测试数据，若达不到要求，必须整改。

（6）按设计文件要求，检查系统室外设备是否有防雷措施。

5. 填写调试报告

在入侵报警系统调试结束后，应根据调试记录，按表6-1所示的要求如实填写调试报告。调试报告经建设单位签字认可后，入侵报警系统工程才能正式试运行。

表6-1 入侵报警系统工程调试报告

建设单位			工程地址			
使用单位			联系人		电话	
调试单位			联系人		电话	
设计单位			施工单位			
主要设备	设备名称、型号	数量	编号	出厂年月	生产厂	备注
遗留问题记录			施工单位联系人		电话	
调试情况记录						
调试单位人员（签字）			建设单位人员（签字）			
施工单位负责人（签字）			建设单位负责人（签字）			
填表日期						

6.1.2 产生误报警的原因及解决方法

误报警是入侵报警系统最常见的故障，根据实际施工安装经验，下面介绍几种常见的产生误报警原因及解决方法。

1. 报警设备故障或质量问题引起的误报警

入侵报警系统的产品在规定条件下、规定时间内不能完成规定的功能，称为故障。故障的

类型有损坏性故障和漂移性故障。损坏性故障包括性能全部消失和突然消失，通常是由元器件的损坏或生产工艺不良（如虚焊等）造成。漂移性故障是指元器件的参数和电源电压的漂移所造成的故障。事实上，环境温度、元件制造工艺、设备制造工艺、使用时间、储存时间及电源等因素都可能造成元器件参数的变化，产生漂移性故障。

无论是损坏性故障还是漂移性故障都将使系统发生误报警，要减少由此产生的误报警，必须选用符合有关标准的合格产品。

2. 报警系统设计或安装不当引起的误报警

设备的选型是系统设计的关键，报警器材有适用范围和局限性，选用不当就会引起误报警。例如，振动探测器的探测范围内有振动源就容易引起误报警。电铃声和金属撞击声等高频声音有可能引起单技术玻璃破碎探测器的误报警。因此，要减少误报警，就必须因地制宜地选择合适的报警器材。

在设备器材安装位置、安装角度、防护措施以及系统布线等方面设计不当也会引发误报警。例如，将被动红外探测器对着空调、换气扇安装，室外用主动红外探测器没有适当的遮阳防护，报警线路与动力线、照明线等强电线路间距小于 1.5 m 时未加防电磁干扰措施，都有可能引起系统的误报警。

3. 环境噪声等引起的误报警

探测器所处的安装环境也会对其产生一定的影响，使其产生误报警的现象。例如，热气流引起被动红外探测器的误报警。超声源引起超声波探测器的误报警等。

减少此类误报警较为有效的措施如下：

（1）优先采用双鉴探测器。

（2）在报警装置中采用CPU和数字处理技术，设置噪声门槛阈值，增加防宠物功能，提高报警装置的智能化程度，可在一定程度上降低环境噪声引起的误报警。

4. 施工不当引起的误报警

（1）没有严格按照设计要求施工。

（2）设备安装不牢固或者倾角不合适。

（3）焊点有虚焊、毛刺现象，或者屏蔽措施不得当。

（4）设备的灵敏度调整不佳。

（5）施工用检测设备不符合计量要求。

5. 用户操作不当引起的误报警

对入侵报警系统的不当操作也会导致系统产生误报警的现象。例如，未插好装有门磁开关的窗户，被风吹开时产生误报警。工作人员误入警戒区，不小心触发了紧急报警装置。系统值班人员误操作等。因此，为了减少操作不当引起的误报警，在使用系统时，所有的操作都应该规范标准，减少误操作。

6.2　入侵报警系统的检验

入侵报警系统在试运行后、竣工验收前，需要对系统的全部设备和性能进行检验，保证后续顺利验收。这些检验包括设备安装位置、安装质量、系统功能、运行性能、系统安全性和电磁兼容等项目。

6.2.1 一般规定

入侵报警系统检验的一般规定如下：

（1）入侵报警系统的检验应由甲方牵头实施或者委托专门的检验机构实施。

（2）入侵报警系统中所使用的产品、材料应符合国家相应的法律、法规和现行标准的要求，并与正式设计文件、工程合同的内容相符合。

（3）检验所使用的仪器仪表必须经法定计量部门检定合格，性能稳定可靠，如万用表、电磁兼容测试仪、接地电阻检测仪等。

（4）检验程序应符合下列规定：

① 受检单位提出申请，并提交主要技术文件、资料。技术文件应包括：工程合同、正式设计文件、系统配置图、设计变更文件、变更审核单、工程合同设备清单、变更设备清单、隐蔽工程随工验收单、主要设备的检验报告或认证证书等。

② 检验机构在实施工程检验前应根据相关规范和以上工程技术文件，制定检验实施细则。检验实施细则应包括检验目的、检验依据、检验内容和方法、使用仪器、检验步骤、测试方案、检测数据记录及数据处理方法等。

③ 实施检验，编制检验报告，对检验结果进行评述。

（5）检验前，系统应试运行一个月。

（6）对系统中主要设备的检验，应采用简单随机抽样法进行抽样。抽样率不应低于20%且不应少于3台，设备少于3台时应100%检验。

（7）对定量检测的项目，在同一条件下每个点必须进行3次以上读值，如接地电阻的测量等。

（8）检验中有不合格项时，允许改正后进行复测。复测时抽样数量应加倍，复测仍不合格则判该项不合格。

6.2.2 设备安装、线缆敷设检验

1. 前端设备配置及安装质量检验规定

（1）检查系统前端设备的数量、型号、生产厂家、安装位置，应与工程合同、设计文件、设备清单相符合。设备清单及安装位置变更后应有变更审核单。

（2）系统前端设备安装质量检验。检查系统前端设备的安装质量，应符合相关标准规范的规定。

2. 报警中心设备安装质量检验规定

（1）检查报警中心设备的数量、型号、生产厂家、安装位置等，应与工程合同、设计文件、设备清单相符合。设备清单变更后应有变更审核单。

（2）报警中心设备安装质量检验。检查系统前端设备的安装质量，应符合相关标准规范的施工规定。

3. 线缆敷设质量检验规定

（1）检查系统全部线缆的型号、规格、数量，应与工程合同、设计文件、设备清单相符合。变更时，应有变更审核单。

（2）检查线缆敷设的施工和监理记录，以及隐蔽工程随工验收单，符合相关施工规定。

（3）检查隐蔽工程随工验收单，要求内容完整、准确。

6.2.3 系统功能与主要性能检验

对于大型复杂入侵报警系统工程，必须进行系统功能和主要性能的检验，一般按照相关国家标准的规定进行。入侵报警系统检验项目、要求及方法应符合表6-2的要求。

表6-2 入侵报警系统检验项目、检验要求及检验方法

序号	检验项目	检验要求	检验方法
1	安全等级	（1）设备的安全等级不应低于系统的安全等级。 （2）多个报警系统共享部件的安全等级应与各系统中最高的安全等级一致	（1）根据系统的安全等级核查设备的产品检测报告。 （2）对多个报警系统的共享部件，根据各报警系统的安全等级、核查共享部件的产品检测报告
2	探测功能	入侵报警系统应能准确、及时地探测入侵行为或触发紧急报警装置，并发出入侵报警信号或紧急报警信号	设防状态下，通过人员现场模拟入侵探测区域 （1）当进入最大探测区域位置进行模拟入侵测试。 （2）在任何状态下触发紧急报警装置进行测试。 （3）查看报警信号、报警信息与实际的触发情况
3	防拆功能	当入侵报警系统的控制指示设备、告警装置、安全等级2/3/4级的入侵探测器、安全等级3/4的接线盒等设备被替换或外壳被打开时，应能发出防拆信号	在任何状态下，打开入侵报警系统的探测、传输、控制指示、告警装置的外壳或替换设备，查看声光报警信号和报警信息的状态
4	防破坏及故障识别功能	当报警信号传输线被断路/短路、探测器电源线被切断、系统设备出现故障时，报警控制设备上应发出声、光报警信息	报警探测回路发生断路、短路和电源线被切断时，查看报警状态和报警功能
5	设置功能	（1）应能按时间、区域、部位进行全部或部分探测防区（回路）的瞬时防区、24 h防区、延时防区、设防、撤防、旁路、传输、告警、胁迫报警等功能的设置。 （2）应能对系统用户权限进行设置	（1）对不同的用户进行权限设置、增加和删除用户。 （2）授权用户对系统分别进行瞬时防区、24 h防区、延时防区、设防、撤防、旁路、传输、告警、胁迫报警等功能的设置，并进行模拟测试，查看各设置后的工作状态
6	操作功能	系统用户应能根据权限类别不同，按时间、区域、部位对全部或部分探测防区进行自动或手动设防、撤防、旁路等操作，并应能实现胁迫报警操作	（1）以不同权限用户进行操作，检查权限设置情况。 （2）授权用户对系统分别按时间、区域、部位进行自动或手动设防、撤防、旁路操作、测试系统的状态及功能；采用胁迫码操作，检查报警情况
7	指示功能	系统应能对入侵、紧急、防拆、故障等报警信号来源、控制指示设备以及远程信息传输工作状态有明显清晰的指示	（1）检查报警信号的指示入侵发生部位、报警信号性质、保持状态。 （2）当报警指示持续期间，再发生其他报警信号输入时，查看相应的可见报警指示。 （3）当多个回路同时报警时，查看任一路的报警指示。 （4）查看报警控制指示设备和远程传输的状态
8	通告功能	当系统出现入侵、紧急、防拆、故障、胁迫等报警状态和非法操作时，系统应能根据不同需要在现场和（或）监控中心发出声、光报警通告	通过入侵、紧急、防拆、故障、胁迫等报警信号的触发，在现场、监控中心查看接收到的声、光报警信息，包括报警的时间、地点、性质等信息

续表

序号	检验项目	检验要求	检验方法
9	传输功能	应能实时传递各类报警信号/信息、控制指示设备各类运行状态信息和事件信息	对系统发生的各类报警信号/信息、控制指示设备的各类运行状态信息以及事件信息,检查传输至控制指示设备的状态;当传输链路发生断路、短路时,查看发送至报警控制设备的报警信息
		当传输链路受到来自防护区域外部的影响时,安全等级4应采取特殊措施以确保信号或信息不能被延迟、修改、替换或丢失	当传输链路受到来自防护区域外部的影响时,检查安全等级4的系统传输链路所采取的保护措施
10	记录功能	应能对系统操作、报警和有关警情处理等事件进行记录和存储,且不可更改	触发报警,查看报警记录,包括报警发生的时间、地点、报警信息性质、故障信息性质、警情处理等信息,检查信息记录的准确性,可更改性
		对于安全等级2、3和4级应具有记录等待传输事件的功能、记录事件发生的时间和日期。对于安全等级3、4级应具有事件记录永久保存的设备	根据系统的安全等级,检查报警和事件记录的时间、日期以及保存设备
11	响应时间	系统报警响应时间应能满足下列要求: (1)单控制器模式:不大于2 s。 (2)本地联网模式: ① 安全等级1:不大于10 s; ② 安全等级2、3:不大于5 s; ③ 安全等级4:不大于2 s。 (3)远程联网模式: ① 安全等级1、2:不大于20 s; ② 安全等级3、4:不大于10 s	根据系统设计的模式和安全等级、布防后触发探测器发生报警、测试发生报警到报警控制设备和指示设备接收信号的时间
12	复核功能	在重要区域和重要部位发出报警的同时,应能对报警现场进行声音和(或)图像复核	检查声音和(或)图像复核装置的配置位置、数量;触发报警后,验证现场声音和图像显示,检查声音和图像的清晰度、准确性
13	误报警与漏报警	入侵报警系统的误报警率应符合设计任务书和(或)工程合同书的要求。入侵报警系统不得有漏报警	触发前端各种报警类型至少50次以上,记录触发次数和报警的次数,查验漏报警情况
14	报警信息分析功能	系统可具有对各类状态/事件信息进行综合识别、分析、研判等功能	分别触发不同类型的报警、拆开前端探测器、断掉探测器电源,查看系统显示的相应状态信息、操作记录,检查报警、故障、操作等信息的管理、查询功能
15	其他项目	对系统涉及的入侵报警系统其他项目应符合国家现行有关标准、工程合同及竣工文件的要求	按照国家现行有关标准、工程合同及系统竣工文件中的要求进行

6.2.4 安全性及电磁兼容性检验

1. 安全性检验规定

(1)设备及其安装部件的机械强度,以产品检测报告为依据,应能防止由于机械重心不稳、安装固定不牢、突出物和锐利边缘以及显示设备爆裂等造成对人员的伤害。

(2)主要控制设备的安全性检验应符合下列要求:

① 绝缘电阻检验:在正常大气条件下,控制设备的电源插头或电源引入端子与外壳裸露金属部件之间的绝缘电阻不应小于20 MΩ。

② 抗电强度检验:控制设备的电源插头或电源引入端子与外壳裸露金属部件之间应能承受

1.5 kV、50 Hz交流电压的抗电强度试验，历时1 min应无击穿和飞弧现象。

③ 泄漏电流检验：控制设备泄漏电流应小于5 mA。

2. 电磁兼容性检验规定

（1）检查系统所用设备的抗电磁干扰能力和电磁骚扰状况，应符合相应规定。

（2）主要控制设备的电磁兼容性应重点检验下列项目：

① 静电放电抗扰度试验：应根据GB/T 17626.2—2018《电磁兼容　试验和测量技术　静电放电抗扰度试验》国家标准的规定进行测试，严酷等级按设计要求执行。

② 射频电磁场辐射抗扰度试验：应根据GB/T 17626.3—2016《电磁兼容　试验和测量技术　射频电磁场辐射抗扰度试验》国家标准的规定进行测试，严酷等级按设计要求执行。

③ 电快速瞬变脉冲抗扰度试验：应根据GB/T 17626.4—2018《电磁兼容　试验和测量技术　电快速瞬变脉冲群抗扰度试验》国家标准的规定进行测试，严酷等级按设计要求执行。

④ 浪涌（冲击）抗扰度试验：应根据GB/T 17626.5—2019《电磁兼容　试验和测量技术　浪涌（冲击）抗扰度试验》国家标准的规定进行测试，严酷等级按设计要求执行。

⑤ 电压暂降、短时中断和电压变化抗扰度试验：应根据GB/T 17626.11—2008《电磁兼容　试验和测量技术　电压暂降、短时中断和电压变化的抗扰度试验》国家标准的规定进行测试，严酷等级按设计要求执行。

6.2.5　电源、防雷与接地检验

1. 电源检验规定

（1）系统电源的供电方式、供电质量、备用电源容量等应符合相关规定和设计要求。

（2）主、备电源转换检验：应检查当主电源断电时，能否自动转换为备用电源供电。主电源恢复时，应能自动转换为主电源供电。在电源转换过程中，系统应能正常工作。

（3）电源电压适应范围检验：当主电源电压在额定值的85%～110%范围内变化时，不调整系统或设备，仍能正常工作。

2. 防雷设施检验检查内容及相关要求

（1）检查系统防雷设计和防雷设备的安装、施工。

（2）检查监控中心接地汇集环或汇集排的安装。

（3）检查防雷保护器数量、安装位置。

3. 接地装置检验规定

（1）检查监控中心接地母线的安装，应符合相关规定。

（2）检查接地电阻时，相关单位应提供接地电阻检测报告。当无报告时，应进行接地电阻测试，结果应符合相关规定。若测试不合格，应进行整改，直至测试合格。

6.3　入侵报警系统工程的验收

6.3.1　验收的内容

1. 验收项目

验收是对工程的综合评价，也是乙方向甲方移交工程的主要依据之一。入侵报警系统的工程验收应包括下列内容：

(1)验收的条件。
(2)系统工程的施工质量。
(3)系统工程的技术质量。
(4)工程资料审查。
(5)工程移交。

2. 工程验收的一般规定

(1)系统的工程验收应由工程的设计单位、施工单位、建设单位和相关管理部门的代表组成验收小组,按验收方案进行验收。验收时应做好记录,签署验收证书,并应立卷、归档。

(2)工程项目验收合格后,方可交付使用。当验收不合格时,应由责任单位整改后,再行验收,直到合格。

(3)涉密工程项目的验收,相关单位、人员应严格遵守国家的保密法规和相关规定,严防泄密、扩散。

6.3.2 验收的条件

1. 入侵报警系统验收条件

(1)工程项目严格按照正式设计文件进行施工安装。
(2)工程经试运行达到设计、使用要求并为建设单位认可,出具系统试运行报告。工程调试开通后应试运行一个月,并按表6-3所示的要求做好试运行记录。

表6-3 入侵报警系统试运行记录

工 程 名 称			工 程 级 别	
建设(使用)单位				
设计、施工单位				
日期时间	试运行内容	试运行情况	备 注	值 班 人

(3)进行技术培训。根据工程合同有关条款,设计、施工单位必须对有关人员进行技术培训,使系统主要使用人员能独立操作。培训内容应征得建设单位同意,并提供系统及其相关设备操作和日常维护的说明、方法的技术资料。

(4)系统工程符合竣工要求,出具竣工报告。
(5)工程检验合格并出具工程检验报告。

2. 工程验收前提交文件

工程正式验收前,设计、施工单位应向工程验收小组提交下列文件:
(1)设计任务书。
(2)工程合同。
(3)工程初步设计论证意见,设计、施工单位与建设单位共同签署的整改意见。
(4)正式设计文件与相关图纸资料,包括系统原理图、平面布防图及器材配置表、线槽管道布线图、报警中心布局图、器材设备清单以及系统选用的主要设备、器材的检验报告或认证证书等。

（5）系统试运行报告。
（6）工程竣工报告。
（7）系统使用说明书，含操作和日常维护说明。
（8）工程竣工核算报告。
（9）工程检验报告。

6.3.3 施工质量的验收

系统工程的施工安装质量应按设计要求进行验收，检查的项目和内容应符合表6-4所示的规定项目和内容。

（1）由于探测器安装位置限制和安装的数量一般较多，逐一检查质量比较困难，根据实际情况定出抽查百分数为10%～15%，注意通电检测抽查百分数必须为100%。

（2）线缆敷设完毕，逐段检查也比较困难，根据实际情况抽查1～2处。

（3）建设单位应对隐蔽工程进行随工验收，凡经过检验合格并办理验收签证后，在进行竣工验收时，可不再进行检验。如果验收小组认为必要，可进行复检，对复检发现质量不合格的项目，由验收小组查明原因，分清责任，提出处理办法。

（4）系统工程明确约定的其他施工质量要求，应列入验收内容。

（5）由测评机构或验收组根据验收情况做出验收结论，在各项均合格的情况下验收合格，如有不合格项，则应限期做出整改，直至验收合格。

表6-4 施工质量抽查验收

工程名称：				设计、施工单位：			
项目		要求	方法	检查结果			抽查百分数
				合格	基本合格	不合格	
设备安装质量	前端设备	（1）安装位置	合理、有效	现场抽查观察			抽查
		（2）安装质量	牢固、整洁、美观、规范	现场抽查观察			
		（3）线缆连接	线缆尽量一线到位，接插件可靠，电源线与信号线、控制线分开，走向顺直，无扭绞	复核、抽查或对照图纸			
		（4）通电	工作正常	现场通电检查			100%
	控制设备	（5）支架、操作台	安装平稳、合理，便于维护	现场观察			抽查
		（6）控制设备	操作方便安全	现场观察			
		（7）开关、按钮	灵活、方便安全	现场观察询问			
		（8）设备接地	接地规范安全	现场观察询问			
		（9）接地电阻	符合相关标准及设计要求	对照检验报告			
		（10）雷电防护措施	符合相关标准及设计要求	对照检验报告现场观察			
		（11）电缆理线与绑扎、标识	整齐，有明显编号、标识并牢靠	现场检查			抽查
		（12）通电	工作正常	现场通电检查			100%

管线敷设质量	（13）明敷管线	牢固美观，与室内装饰协调，抗干扰	现场观察、询问				抽查
	（14）接线盒、线缆接头	交叉处有分线盒，线缆固定规范	现场观察、询问				抽查
	（15）隐蔽工程随工验收复核	有隐蔽工程随工验收单并验收合格	按验收单复核				
		如无隐蔽工程随工验收单，在本栏内简要说明					
检查结果			施工质量验收结论				
施工验收人员签名：				验收日期：			

6.3.4 技术质量的验收

对入侵报警系统的技术质量验收应符合以下规定：

（1）系统主要技术性能指标应根据设计任务书、深化设计文件和工程合同等文件确定，并在逐项检查中进行复核。

（2）设备配置的检查应包括设备数量、型号及安装部位的检查。

（3）主要系统产品的质量证明的检查应包括产品检测报告、认证证书等文件的有效性。

（4）系统供电的检查应包括系统主电源形式及供电模式。当配置备用电源时，应检查备用电源的自动切换功能和应急供电时间。

（5）入侵报警系统应重点检查下列内容：

① 应检查系统的探测、防拆、设置、操作等功能；探测功能的检查应包括对入侵探测器的安装位置、角度、探测范围等。

② 应检查入侵探测器、紧急报警装置的报警响应时间。

③ 当有声音和（或）图像复核要求时，应检查现场声音和（或）图像与报警事件的对应关系、采集范围和效果。

④ 当有联动要求时，应检查预设的联动要求与联动执行情况。

系统工程的技术质量应按设计要求进行验收，检查的项目和内容应符合表6-5的规定项目和内容。

表6-5 技术质量抽查验收

工程名称		工程地址			
建设单位		设计单位			
施工单位		监理单位			
序号	检查项目	检查要求与方法	检查结果		
			合格	基本合格	不合格
1	系统主要技术性能	上述规定（1），现场检查、复核检验报告			
2	设备配置	上述规定（2），复核检验报告			
3	主要系统产品设备的质量证明	上述规定（3），复核检验报告			
4	系统供电	上述规定（4），复核检验报告			
5	探测、防拆、设置、操作	上述规定（5），现场检查			
6	报警响应时间	上述规定（5），复核检验报告			
7	声音和（或）图像复核	上述规定（5），复核检验报告			
8	报警联动	上述规定（5），复核检验报告			

6.3.5 工程资料审查

入侵报警系统工程资料审查应符合下列规定:

(1)资料审查由工程验收委员会(验收小组)的资料审查组负责实施。

(2)设计、施工单位按照6.3.2节规定的要求提供全套验收图纸资料,并做到内容完整、标记确切、文字清楚、数据准确、图文表一致。图样的绘制应符合GA/T 74—2017《安全防范系统通用图形符号》现行标准的相关规定。

(3)按表6-6所列项目与要求,审查图纸资料的准确性、规范性、完整性以及售后服务条款,并做好记录。

表6-6 资料审查

工程名称						
序号	审查内容	审查情况				
		完整性			准确性		
		合格	基本合格	不合格	合格	基本合格	不合格
1	设计任务书						
2	合同(或协议书)						
3	初步设计论证意见						
4	初步设计论证的整改落实意见						
5	正式设计文件和相关图纸						
6	系统试运行报告						
7	工程竣工报告						
8	系统使用说明书						
9	售后服务条款						
10	工程竣工核算报告						
11	工程检验报告						
12	图纸绘制规范要求						
审查结论							
审查组(人员)签名:						日期:	

(4)竣工验收文件应保证质量,做到内容齐全,标记详细,语义明晰,数据准确,互相对应。系统工程验收合格后,验收小组应签署验收证书。

6.3.6 工程移交

工程移交并不包含在验收范围内,一般在验收工作完成后再进行移交。为了体现入侵报警系统工程重建设、重管理、重实效的根本宗旨,系统移交非常重要。

1. 系统竣工图纸资料归档要求

(1)提供经修改、校对并符合6.3.2节规定内容的验收图纸资料。

(2)提供验收结论汇总表的相关内容。验收结论汇总表的表格形式如表6-7所示。

表6-7 验收结论汇总表

工程名称：		设计、施工单位：			
施工验收结论		验收人签名：	年	月	日
技术验收结论		验收人签名：	年	月	日
资料审查结论		审查人签名：	年	月	日
工程验收结论		验收委员会（小组）主任、副主任（组长、副组长）签名：			
建议与要求：					

注：验收结论一律填写"通过"或"基本通过"或"不通过"。

（3）提供根据验收结论写出的并经建设单位认可的整改措施。

（4）提供系统操作和有关设备日常维护说明。

2. 整理竣工验收文件

在系统的工程移交时，施工单位应按下列内容整理竣工验收文件，主要文件包括：

（1）工程设计和施工安装说明。

（2）综合系统图。

（3）线槽、管道布线图。

（4）设备配置图。

（5）设备连接系统图。

（6）设备说明书和合格证。

（7）设备器材一览表。

（8）主观评价表。

（9）客观评价表。

（10）施工质量验收记录。

（11）工程验收报告。

设计、施工单位将整理、编制的工程竣工图纸资料一式三份，经建设单位签收盖章后，存档备查。

3. 工程移交

工程验收通过且有整改措施后，才能正式交付使用，并应遵守下列规定：

（1）建设单位或使用单位应有专人负责操作、维护，并建立完善的、系统的操作、管理、保养等制度。

（2）建设单位应会同和督促设计、施工单位，抓紧"整改措施"的具体落实。

（3）工程设计、施工单位应履行维修等售后技术服务承诺。

6.4　典型案例4　武汉职业技术学院智能建筑工程技术实训室的调试与验收案例

为了方便读者全面直观地了解工程调试与验收流程，加深对调试与验收的理解，快速掌握关键技术和方法，掌握工程经验，保证工程项目的质量等，这里以武汉职业技术学院智能建筑工程技术实训室的调试与验收为例，重点介绍该项目的后期设备调试、检验和工程验收等关键技术和工程经验。

6.4.1　项目基本情况

项目的基本情况如下：

（1）项目名称：武汉职业技术学院智能建筑工程技术实训室。

（2）项目地址：武汉市洪山区光谷大道62号武汉职业技术学院。

（3）建设单位：武汉职业技术学院。

（4）设计施工单位：西安开元电子科技有限公司。

（5）项目概况：武汉职业技术学院为全国100所示范高职院校之一，智能建筑工程技术实训室是湖北省第一个真正的仿真工程技术实训室，以培养当地智能建筑行业、公安技防行业急需人才为目标，实训室包含安防报警、视频监控、可视对讲、停车场等模块。实训室按照任务驱动型教学理念，建设了全新的理实一体化的工程技术实训室，实训室面积为350 m^2。该项目2014—2015年进行了多次项目论证，于2015年9月8日发标，2015年9月29日开标，西元产品中标，中标价213.32万元。2015年12月完成设备进场安装、竣工和验收。截至目前，整个实训室运行正常，利用率高，共承担7门专业课程实训及社会行业培训任务。图6-1所示为该项目的平面布局图，图6-2所示为项目竣工照片。

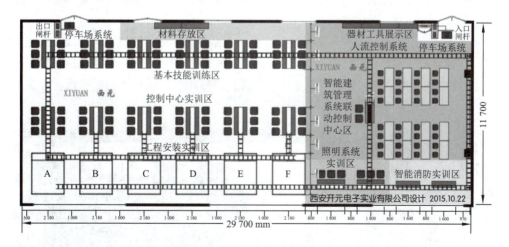

图6-1　武汉职业技术学院智能建筑工程技术实训室平面布局图（单位：mm）

图6-2 武汉职业技术学院智能建筑工程技术实训室竣工照片

（6）项目主要设备：武汉职业技术学院智能建筑工程技术实训室论证时间长，技术要求高，投资大，总投入213万元，场地面积大，实训室面积350 m²，设备多，共分为5个区域，61台（套）。为了充分利用空间，满足多人多种项目同时实训的需求，西元公司精心设计，合理分区。

实训室主要设备如下：

① 智能建筑管理系统理论教学展示区。配有：
- 智能建筑管理系统视频监控类器材展柜，产品型号：西元KYZNH-91，数量1台。
- 智能建筑管理系统安防报警类器材展柜，产品型号：西元KYZNH-92，数量1台。
- 智能建筑管理系统接线端子类器材展柜，产品型号：西元KYZNH-93，数量1台。
- 智能建筑管理系统应用电工类器材展柜，产品型号：西元KYZNH-94，数量1台。

② 智能建筑管理系统基本技能训练区。配有智能建筑管理系统电工配线端接实训装置，产品型号：西元KYZNH-21，数量6台。

③ 智能建筑管理系统工程技术实训区（安全防范系统）。配有智能建筑管理系统控制中心实训装置，产品型号：西元KYZNH-52，数量6台，如图6-3所示。该产品设备包括：智能入侵报警系统、智能视频监控系统、智能对讲系统、智能门禁系统、智能自动巡更系统、智能一卡通系统。

图6-3 智能建筑管理系统控制中心实训装置

④ 智能建筑管理系统工程技术实训区（公共服务系统）。配有：
- 智能公共广播系统，产品型号：西元KYZNH-06，数量1套。
- 智能车辆管理系统，产品型号：西元KYZNH-07，数量1套。
- 智能家居照明控制系统，产品型号：西元KYDG-03-01，数量2套。
- 智能楼宇消防系统，产品型号：西元KYZNH-08，数量2套。
- 公共场所人流控制系统，产品型号：西元KYZNH-22，数量1套。

⑤ 智能建筑管理系统控制中心区。配有大屏拼接、联动控制，产品型号：西元KYZNH-23，数量1套。

6.4.2 项目调试与验收的关键技术

该项目设备型号多，规格复杂，技术难度大，涉及多个专业工种，调试验收任务繁重，西元公司进行了精心准备，顺利完成了调试与验收工作。下面以该项目入侵报警系统部分为例，集中介绍该项目调试与验收的关键技术，分享工程经验。

1. 项目调试关键技术

（1）编制调试大纲。在项目施工收尾阶段，由项目负责人开始起草编制调试大纲，包括调试项目和主要内容，各项目调试开始和结束时间、各项目调试人员分配等。同时项目负责人应该整理项目技术文件，技术文件中应包括每种产品的施工安装图、系统图、设备安装图、设备就位图、布线图等资料，为后续的调试做足充分的准备，保证调试工作按时顺利完成。图6-4所示为准备的资料夹，图6-5所示为该项目智能报警项目的系统图。

图6-4　准备的资料夹

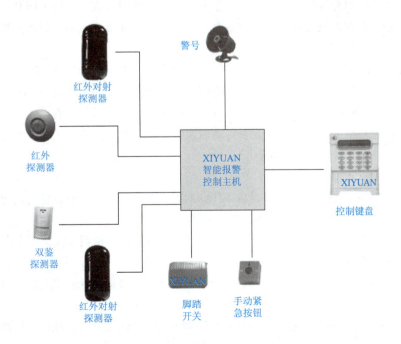

图6-5　武汉职业技术学院智能建筑管理系统工程实训室入侵报警系统图

（2）施工质量及设备自检。项目施工顺利结束后，项目负责人和单项负责人根据安装过程中的现场实际情况，合理安排项目调试工作，先易后难，先简后繁，负责完成各自的调试工作。

在调试前，首先要求调试人员对施工质量及设备进行自检。

根据设计图纸和施工安装要求，全面检查和处理施工安装中的质量问题。例如，接线错误、虚接产生的探测器不能正常工作、临时绑扎的处理等。按正式设计文件的规定再次检查已经安装设备的规格、型号、数量、配件等是否正确。在全系统通电前，必须再次检查供电设备的输入电压、极性等。检查探测器等各种设备安装是否牢固，保证安全可靠。

（3）准备调试工具和材料。该项目设备数量多、调试工作量大，周期长，为了提高安装效率，西元公司准备了大量的工具和材料，保证调试人员人手一套工具，包括测电笔、万能表、螺丝刀、电工钳、测线仪、电烙铁等。图6-6所示为西元智能化工具箱。

图6-6　西元智能化工具箱

（4）逐台调试。在对系统进行通电调试前，首先应对各种有源设备逐台、逐个、逐点分别进行通电检查，发现问题及时解决，保证每台设备通电检查正常。

检查并调试每个探测器的性能使其达到设计要求，包括探测器的检测范围、安装方式度等。例如，给红外对射探测器正常供电，把手掌放在发射器与接收器之间阻挡其红外线，看能否产生报警信号。检查控制键盘能否完成所有探测器及紧急报警开关的布防和撤防工作。当产生报警信号时，警号能否发生警示等。

调试人员在设备调试过程中，要发现问题、解决问题，并能事后及时总结调试工作经验，为接下来的调试工作做好铺垫，同时也能为日后的其他施工项目提供施工注意事项，保证施工质量。

（5）检查供电系统。仔细检查系统的主电源和备用电源，保证系统在电源电压规定范围内能正常工作。切断主电源，检查电源能否自动切换到备用电源，保证系统正常工作，然后再接通主电源，检查备用电源是否能自动充电。

（6）调试中遇到的问题：

① 设备电源问题。前端探测器等设备不工作时，首先应想到去检查设备的电源问题，一般可能是探测器等设备的工作电压太低或者供电线路的断路等原因。例如，导线线径太小，或者电线质量差、电阻值大等，会导致前探测器工作电压供电不足。特别要注意供电电路没有接线错误，防止出现短路等问题。

② 误报警问题：误报警是入侵报警系统最常见的故障，根据实际施工安装经验，主要有以下几种常见的产生误报警原因。

• 产品质量引起的误报警。通常是由元器件的损坏或生产工艺不良造成以及元器件的参数和电源电压的不稳定所造成的。事实上，环境温度、元件制造工艺、设备制造工艺、使用时间、储存时间及电源负荷等因素都可能造成元器件参数的变化，产生故障。要减少由此产生的误报警，选用的产品必须要符合有关标准的要求。

• 设备选型或安装不当引起的误报警。设备的选型选用不当，设备器材安装位置、安装角度、防护措施等方面设计不当也会引起误报警。要减少此类误报警，就必须因地制宜地选择合适的报警器材。

• 环境引起的误报警。探测器所处的安装环境也会对其产生一定的影响，使其产生误报警的现象。例如，热气流引起被动红外探测器的误报警。

• 施工不当引起的误报警。没有严格按照设计要求施工安装，设备安装不牢固或者倾角不合适、设备的灵敏度调整不佳等导致误报警现象。

• 操作不当引起的误报警。对入侵报警系统的不当操作也会导致系统产生误报警的现象。例如，未插好装有门磁开关的窗户，被风吹开时产生误报警；工作人员误入警戒区；不小心触发了紧急报警装置；系统值班人员误操作等。

2. 项目检验关键技术

项目完成调试工作后，首先需进行试运行，在竣工验收前，需要对系统的全部设备和性能进行检验，保证后续顺利验收。当项目调试结束后，项目经理会让甲方对项目进行试运行一个月，无故障后，建设单位向甲方负责人提出申请，并提交主要技术文件、资料，由甲方牵头实施或者委托专门的检验机构实施。

入侵报警系统的检验一般包括设备安装位置、安装质量、系统功能、运行性能、系统安全性和电磁兼容等项目，确认各项目是否满足设计要求。

对系统中主要设备逐一进行检验，做到100%的检验：

（1）设备、线缆的检验。检查前端设备、报警中心设备、系统所有线缆的数量、型号、生产厂家、安装位置等应与工程合同、设计文件、设备清单相符合。检查前端设备、报警中心设备的安装质量，应符合相关标准规范的施工规定。检查各种线缆及隐蔽工程相关施工记录应符合相关施工规定。

（2）功能、性能的检验。按照相关国家标准的规定进行相应的功能、性能检验。例如，系统的控制功能检验中，通过控制键盘实现对所有探测器的布防、撤防操作；在设防状态下，当探测到有人入侵发生时，应能发出报警信息。入侵报警控制设备上应显示出报警发生的区域，并发出声、光报警。报警信息应能保持手动复位。

在任何状态下，当探测器、入侵报警控制器机壳被打开时，在入侵报警控制设备上应显示出探测器地址，并发出声、光报警信息，报警信息应能保持到手动复位。

系统应具有显示和记录开机时间、关机时间、报警、故障、被破坏、布防时间、撤防时间、更改时间等信息的功能。应记录报警发生时间、地点、报警信息性质、故障信息性质等信息。信息内容要求准确、明确。

（3）电源、防雷、接地的检验。系统电源的供电方式、供电质量、备用电源容量等应符合相关规定和设计要求，主、备电源能实现自由切换，电源电压在合理范围内变化时，系统能正常工作。

3. 项目验收关键技术

整个系统完成调试、试运行、检验后方可进行系统的工程验收，实现竣工。图6-7所示为现场竣工图，工程验收应由工程的设计、施工、建设单位和相关管理部门的代表组成验收小组，按验收方案进行验收。验收时应做好记录，签署验收证书，并应立卷、归档。工程项目验收合格后，方可交付使用。当验收不合格时，应由责任单位整改后再行验收，直到合格。

图6-7 现场竣工图

（1）施工质量验收。施工质量的验收，一般为入侵报警系统的相关设备和线缆的质量验收。例如，前端探测器及紧急报警开关的验收内容包括安装位置是否合理有效。安装质量是否牢固、美观、规范。线缆连接是否一线到位，接插件是否可靠，线缆走向是否顺直无扭绞等。

（2）技术质量验收。系统的各项功能及性能应进行检测，其功能、性能指标等技术质量应符合设计要求。例如，复核系统的报警功能和误、漏报警情况。对探测器的安装位置、角度、探测范围做步行测试和防拆保护的抽查；抽查室外周界报警探测装置形成的警戒范围，应无盲区。抽查系统布防、撤防、旁路和报警显示功能，应符合设计要求。

（3）竣工验收文件。在工程竣工验收前，施工方应按要求编制竣工验收文件，做到内容齐全，标记详细，语义明晰，数据准确，互相对应。验收文件一式三份交建设单位，其中一份由建设单位签收盖章后，退还施工单位存档。

6.5 典型案例5 首钢技师学院楼宇自动控制设备安装与维护实训室工程管理

工程管理的能力和水平、方法与措施直接决定项目质量、成本、工期和安全，主要包括现场管理、技术管理、人员管理、材料管理、安全生产管理、质量管理、成本管理等。为了方便读者全面直观地了解工程管理，加深对工程管理的理解和学习，快速掌握工程管理的主要措施和方法，提高工程管理的能力和水平，保证工程项目的质量、成本、工期和安全等，这里给出2017年实施的首钢技师学院楼宇自动控制设备安装与维护实训室案例，重点介绍该项目工程管理的相关内容。

6.5.1 项目基本情况

项目名称：首钢技师学院楼宇自动控制设备安装与维护实训室
项目地址：北京市石景山区阜石路155号首钢技师学院
建设单位：首钢技师学院
设计施工单位：西安开元电子科技有限公司
项目概况：该项目为北京市职业技能公共实训基地配套实训项目，实训室面积为700 m^2，局部高度7 m，搭建二层结构。2015—2016年进行了4次项目论证和2次财政论证，2016年10月发标，2016年11月开标，西元产品中标，中标价631万元。2016年12月开始进场安装，2017年3月竣工和验收，2017年7月完成用户培训工作。图6-8所示为平面布局图，图6-9所示为3D效果图，图6-10所示为主要设备安装竣工后的照片。

项目主要设备：

首钢技师学院楼宇自动控制设备安装与维护实训室论证时间长，技术要求高，从十二五到十三五，投资大，总投入631万元，场地面积大，实训室面积700 m²，设备多，共计12大类，131台（套）。为了充分利用空间，满足多人多种项目同时实训需求，西元公司精心设计，将局部设计为二层钢结构。实训室主要设备如下：

（1）两层钢结构模拟楼房实训装置，产品型号：西元KYSYZ-2F-2U，数量10套。
（2）智能建筑控制中心实训装置，产品型号：西元KYZNH-52，数量10台。
（3）物联网智能家居实训装置，产品型号：西元KYWLW-31-2，数量10台。
（4）MCU音视频开发实训装置，产品型号：西元KYZNH-06，数量10台。
（5）ENH智能竞技开发单元，产品型号：西元KYENH-01，数量10台。
（6）智能消防系统实训装置，产品型号：西元KYZNH-08，数量10台。
（7）智能楼宇配电照明实训装置，产品型号：西元KYZNHM-03，数量10台。
（8）智能楼宇系统管理中心实训装置，产品型号：西元KYZNGL-10-01，数量1套。
（9）强电综合布线实训装置，产品型号：西元KYSYZ-03-02，数量15套。
（10）电机拖动及电气照明实训装置，产品型号：西元KYDG-03-01，数量15套。
（11）弱电综合布线实训装置，产品型号：西元KYSYZ-03-02，数量15套。
（12）电气技能考核及PLC通信实训装置，产品型号：西元KYPLC-01-01，数量15套。

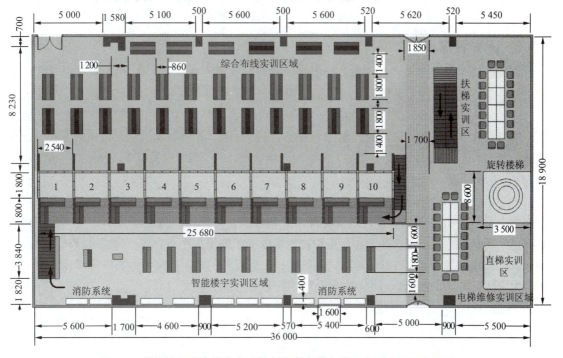

图6-8　首钢技师学院楼宇自动控制设备安装与维护实训室平面布局图

图6-9 首钢技师学院楼宇自动控制设备安装与维护实训室3D效果图（局部）

图6-10 现场安装竣工后照片

6.5.2 工程管理

首钢技师学院楼宇自动控制设备种类多，共有12大类，数量多，共有131台（套），时间紧，任务急，在项目竣工前已经开始承接培训鉴定班。实训中心全部为自流平地面，安装要求高。西元公司与用户多次探讨设计方案，仔细规划，精心设计，严格工程管理，规范施工和安装，按时完成安装任务，一次调试成功，满足了用户急需，充分展示了西元公司的工程设计与管理能力和水平。下面以图文并茂的方式直观介绍该项目的工程管理关键节点和实战经验。

1. 现场管理

该项目为北京市职业技能公共实训基地配套实训项目，是首钢技师学院重点工程和亮点，每年都会举行各类技能大赛，现场管理要求严格规范。西元专门成立项目部，由工程部和技术部总经理直接负责。对现场工作环境和物资堆放提前规划，严格管理。每天进行现场整理整顿，及时回收包装箱，及时清洁地面，始终保持工作现场的地面整洁，器材有序堆放。图6-11所示为货物安装前堆放照片，图6-12所示为安装现场照片。

图6-11 货物安装前堆放照片　　　　　图6-12 安装现场照片

2. 技术管理

技术文件和图纸审核。西元项目部主要负责人直接参与了该项目的前期技术文件编制和图纸设计工作，在开工前组织销售、工程、技术等人员召开了多次施工图自审和会审会议，保证全体施工人员充分掌握技术文件、设计图纸，深刻理解和吃透理解设计意图、工程特点和技术要求，图6-13所示为入侵报警系统中有线三鉴探测器的接线图。

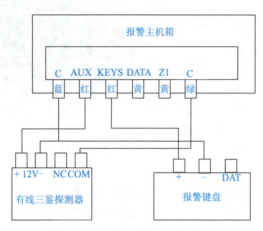

图6-13 有线三鉴探测器接线图

3. 人员管理

施工现场人员管理非常重要，不仅能够保证工程质量，也能保证按时完工。西元公司对项目部人员管理主要措施包括下列内容。

（1）只有公司正式员工，经过严格培训，考核合格，取得智能楼宇工程师资格证书的人员才能参加项目部。

（2）公司全体出差和施工安装人员办理商业意外保险。

（3）全员戴安全帽，佩戴西元公司统一工牌，统一服装，统一双肩包，统一工具包等。

（4）项目部每天统一上下班，施工现场每天召开班前会和班后会，安排和总结当天的工作，解决问题，表扬先进。

（5）项目经理每天向公司总部QQ、微信、电话汇报安装进度，及时通报和协调工程进度。

（6）项目经理和各个单项负责人每天巡查施工现场，及时发现和排除不安全因素，及时解决技术问题。

（7）销售部产品经理到现场抽查，监督和检查安装质量与进度。

（8）项目竣工后，公司举行总结表彰会，给项目部人员发放奖金，颁发证书表扬。

4. 材料管理

施工现场的材料管理不仅能够保证工期，也能降低直接成本，丢失、损坏和临时采购等将增加直接成本。该项目设备、器材、工具等全部从西安的西元科技园发货到天津，在材料准备和管理阶段，做了大量的基础性工作，在现场严格器材管理，该项目安装非常顺利，按时竣工，没有出现坏件或更换产品。下面介绍该项目材料管理方法和经验。

（1）认真仔细做好材料采购清单和计划。项目中标后，项目经理反复认真地研读设计图纸，亲自设计安装施工图和布线路由，编制材料清单，进行预装配，确保器材规格和数量正确。

（2）进行预装配，确保配件齐全。项目使用的一些特殊材料必须进行预装配。例如该项目的入侵报警系统中的报警控制箱为安装成品，因此在工厂进行预装配，直接将电气开关、报警主机板等部件安装在机箱内，减少现场工作量，也能避免漏项，图6-14所示为完成装配的报警控制箱。施工现场准备零件工具盒，分类存放和保管螺丝、接头等小件材料，不仅能够防止小件散落在地面，也能提高工作效率。

图6-14 完成装配的控制箱照片

（3）设备和材料分类保管和装箱，保证阶段性施工需求，充分合理使用材料。在保证质量的前提下，充分利用短线，防止每箱剩余几十米，每天剩余几箱，做到每天收集和分类整理剩余短线、半盒材料等，第二天首先利用，往复循环，只有这样才能严格控制材料的使用。

（4）项目经理直接负责材料管理。对于消耗大和容易丢失的材料由项目经理直接负责，将施工过程划分为几个阶段，按阶段发放材料。每一阶段工程完工后，清点、汇报材料使用和剩余情况，分析材料超耗原因，并且与奖惩挂钩。

5. 安全生产管理

安全施工是第一要素，西元公司要求每名现场安装施工人员穿劳保鞋、戴手套，严格按照标准和图纸施工。在电气安装中，坚持两人1组，1人操作，1人保护，坚持断电操作等措施。

6. 质量管理

为了保证产品质量，西元公司在工厂进行了大量的调试工作，并且将货物分类包装。为了避免物流运输损坏，采用专车门到门运输方案，项目部负责在工厂装车，在现场卸车，从货物装车顺序、堆放层数、卸车顺序等全盘考虑，保证运输安全。在现场安装中，严格按照图纸规定安装。

课程思政3　立足岗位、刻苦专研，技能创造思维、技能改变命运

西安开元电子实业有限公司新产品试制组组长

国家发明专利4项，实用新型专利10项，全国技能大赛和师资培训班实训指导教师，精通16种光纤测试技术，200多种光纤故障设置和排查技术，5次担任全国职业院校技能大赛和世界技能大赛网络布线赛项安装组长，改进、推广了10项操作方法和生产工艺，提高生产效率两倍，5

年内降低生产成本约580万元……作为雁塔区西安开元电子实业有限公司新产品试制组组长纪刚，拥有着一份不凡的成绩单。

15年的时间，纪刚从一名学徒成长为国家专利发明人、技师和西安市劳动模范，他说："技能首先是一种工作态度，技能就是标准与规范，技能的载体就是图纸和工艺文件，现代技能需要创造思维、技能能够改变命运。"

为了实现目标，降低成本，纪刚自费购买专业资料，利用节假日勤奋钻研，多次上门拜访西安交通大学教授，边做边学，历时一年，先后四次修改电路板，五次改变设计图纸和操作工艺，最终获得国家发明专利。同时，在不断提高自身素质的同时，积极发挥劳模引领作用，参与拍摄制作了30多部技能操作教学视频。这些视频被上传到工信部全国产业工人学习网平台，同时还被全国3 000多所高校和职业院校广泛使用，为全国培养高技能人才做出了突出贡献。

本文摘录自2020年4月29日《西安日报》。更多纪刚劳模先进事迹的媒体报道和Word版介绍资料，请访问中国铁道出版社有限公司网站（http://www.tdpress.com/51eds/）下载。

习　题

一、填空题（10题，每题2分，合计20分）

1. 入侵报警系统工程的调试工作应由_____负责，项目负责人或具有工程师资格的_____主持，必须提前进行调试前的准备工作。（参考6.1.1知识点）

2. 分别用主电源和备用电源供电，检查电源_____和备用电源的_____功能。（参考6.1.1知识点）

3. 当系统采用稳压电源时，检查其_____、_____应符合产品技术条件。（参考6.1.1知识点）

4. 入侵报警系统设备故障的类型一般分为_____故障和_____故障。（参考6.1.2知识点）

5. 检验中有不合格项时，允许改正后进行_____。复测时抽样数量_____，复测仍不合格则判该项_____。（参考6.2.1知识点）

6. 入侵报警系统的工程验收应由工程的_____单位、施工单位、_____单位和相关管理部门的代表组成验收小组，按验收方案进行验收。（参考6.3.1知识点）

7. 入侵报警系统施工质量验收时要求前端设备的线缆尽量_____，接插件可靠，电源线与信号线、控制线分开，走向顺直，无_____。（参考表6.3.3知识点）

8. 入侵报警系统技术质量验收时要求对入侵探测器的安装位置、角度、探测范围做_____和_____的抽查。（参考6.3.4知识点）

9. 竣工验收文件应_____，做到内容齐全，标记详细，语义明晰，数据准确，互相对应。系统工程验收合格后，验收小组应_____验收证书。（参考6.3.5知识点）

10. 工程移交并不包含在_____内，一般在_____完成后再进行移交。（参考6.3.6知识点）

二、选择题（10题，每题3分，合计30分）

1. 入侵报警系统调试要求，检查与调试系统所采用探测器的（　　）范围、灵敏度、（　　）、漏报警、报警状态后的恢复、（　　）等功能与指标，应基本符合设计要求。（参考6.1.1知识点）

  A. 探测   B. 误报警   C. 防拆报警   D. 控制

2. 按国家标准的规定，检查控制器的本地、异地报警、防破坏报警、（　　）、报警优先、自检及（　　）等功能，应基本符合设计要求。（参考6.1.1知识点）

  A. 防破坏 B. 布防与撤防 C. 回放   D. 显示

3. 检查系统的主电源和备用电源。应根据系统的供电消耗，按总系统额定功率的（　　）倍设置主电源容量。（参考6.1.1知识点）

  A. 1.2   B. 1.5   C. 1.8   D. 2

4. （　　）是入侵报警系统最常见的故障。（参考6.1.2知识点）

  A. 防拆报警 B. 漏报警   C. 误报警   D. 异地报警

5. 对系统中主要设备的检验，应采用简单随机抽样法进行抽样。抽样率不应低于20%且不应少于（　　）台，设备少于3台时应（　　）检验。（参考6.2.1知识点）

  A. 3   B. 5   C. 随机   D. 100%

6. 对定量检测的项目，在同一条件下每个点必须进行（　　）次以上读值。（参考6.2.1知识点）

  A. 2   B. 3   C. 5   D. 7

7. 前端设备配置及安装质量检验规定，检查系统前端设备的数量、（　　）、生产厂家、安装位置，应与工程合同、设计文件、设备清单相（　　）。（参考6.2.2知识点）

  A. 型号   B. 颜色   C. 符合   D. 好

8. 由于入侵探测器安装位置限制和安装的数量一般较多，逐一检查质量比较困难，根据实际情况定出抽查百分数为（　　），注意通电检测抽查百分数必须为（　　）。（参考6.3.3知识点）

  A. 10%~15% B. 15%~25% C. 50%   D. 100%

9. 线缆敷设完毕，逐段的检查也比较困难，根据实际情况定出抽查（　　）处。（参考6.3.3知识点）

  A. 2   B. 3   C. 1~2   D. 2~3

10. 设计、施工单位将整理、编制的工程竣工图纸资料（　　），经（　　）签收盖章后，存档备查。（参考6.3.6知识点）

  A. 一式两份 B. 一式三份 C. 设计单位 D. 建设单位

三、简答题（5题，每题10分，合计50分）

1. 简述调试前的准备工作。（参考6.1.1知识点）
2. 简述产生误报警的原因。（参考6.1.1知识点）
3. 简述入侵报警系统工程的验收内容。（参考6.3.1知识点）
4. 简述工程验收的一般规定。（参考6.3.1知识点）
5. 简述工程移交应遵守的规定。（参考6.3.6知识点）

单元6　入侵报警系统工程调试与验收

互动练习11　入侵报警系统的检验

专业_____　　姓名_____　　学号_____　　成绩_____

对于大型复杂入侵报警系统工程，必须进行系统功能和主要性能的检验，一般按照相关国家标准的规定进行。请简要填写下述表格中的检验方法。

入侵报警系统检验项目、检验要求及检验方法

序号	检验项目	检验要求	检验方法
1	探测功能	入侵报警系统应能准确、及时地探测入侵行为或触发紧急报警装置，并发出入侵报警信号或紧急报警信号	
2	防拆功能	当入侵报警系统的控制指示设备、告警装置、安全等级2/3/4级的入侵探测器、安全等级3/4的接线盒等设备被替换或外壳被打开时，应能发出防拆信号	
3	防破坏及故障识别功能	当报警信号传输线被断路/短路、探测器电源线被切断、系统设备出现故障时，报警控制设备上应发出声、光报警信息	
4	设置功能	（1）应能按时间、区域、部位进行全部或部分探测防区（回路）的瞬时防区、24 h防区、延时防区、设防、撤防、旁路、传输、告警、胁迫报警等功能的设置。 （2）应能对系统用户权限进行设置	
5	通告功能	当系统出现入侵、紧急、防拆、故障、胁迫等报警状态和非法操作时，系统应能根据不同需要在现场和（或）监控中心发出声、光报警通告	
6	记录功能	应能对系统操作、报警和有关警情处理等事件进行记录和存储，且不可更改	
		对于安全等级2、3和4级应具有记录等待传输事件的功能、记录事件发生的时间和日期。对于安全等级3、4级应具有事件记录永久保存的设备	
7	误报警与漏报警	入侵报警系统的误报警率应符合设计任务书和（或）工程合同书的要求。入侵报警系统不得有漏报警	

171

互动练习12　入侵报警系统施工质量验收

专业_____　　姓名_____　　学号_____　　成绩_____

　　入侵报警系统工程的施工质量应按设计要求进行验收。请填写下述表格中的验收方法和抽查百分数。

施工质量检查验收

项	目	质量要求	验收方法	抽查百分数
设备安装质量	前端设备	（1）安装位置	合理、有效		
		（2）安装质量	牢固、整洁、美观、规范		
		（3）线缆连接	线缆尽量一线到位，接插件可靠，电源线与信号线、控制线分开，走向顺直，无扭绞		
		（4）通电	工作正常		
	控制设备	（5）支架、操作台	安装平稳、合理，便于维护		
		（6）控制设备	操作方便安全		
		（7）开关、按钮	灵活、方便安全		
		（8）设备接地	接地规范安全		
		（9）接地电阻	符合相关标准及设计要求		—
		（10）雷电防护措施	符合相关标准及设计要求		—
		（11）电缆理线与线扎、标识	整齐，有明显编号、标识并牢靠		
		（12）通电	工作正常		
管线敷设质量		（13）明敷管线	牢固美观，与室内装饰协调，抗干扰		
		（14）接线盒、线缆接头	垂直与水平交叉处有分线盒，线缆安装固定、规范		
		（15）隐蔽工程随工验收复核	有隐蔽工程随工验收单并验收合格		—
			如无隐蔽工程随工验收单，在本栏内简要说明		

检查结果		施工质量验收结论：	
施工验收人员签名：		验收日期：	

单元6　入侵报警系统工程调试与验收

实训9　警号和声光报警器的安装调试

1. 实训任务来源
警号和声光报警器是入侵报警常见的报警响应输出装置，安装质量直接决定工程的可靠性、稳定性等，熟练掌握其安装调试技术是安装与维护技术人员的必备技能。

2. 实训任务
每人独立完成警号和声光报警器的安装调试。要求安装牢固可靠，电缆连接正确。

3. 技术知识点
（1）警号和声光报警器的安装和接线方式。
（2）警号和声光报警器的调试方法。

4. 实训课时
（1）该实训共计2课时完成，其中技术讲解和视频演示25 min，学员实际操作45 min，实训评判10 min，实训总结、整理清洁现场10 min。
（2）课后作业2课时，独立完成实训报告，提交合格实训报告。

5. 实训指导视频
978-7-113-28652-1-实训9《警号和声光报警器的安装调试》（5分51秒）

6. 实训设备
"西元"智能报警系统实训装置，产品型号：KYZNH-02-2。
本实训装置专门为满足入侵报警系统的工程设计、安装调试等技能培训需求开发，配置有各种前端探测器、报警主机、控制键盘、警号和声光报警器等全套入侵报警系统设备，特别适合学生认知和操作演示，具有工程实际使用功能，能够在真实的应用环境中进行工程安装实践和操作管理，理实合一。

7. 实训材料和工具
实训材料：警号1个、声光报警器1个，安装螺丝若干、传输线缆适量、冷压端子若干。
实训工具：西元智能化系统工具箱，型号KYGJX-16，包括十字螺丝刀、多用剪刀、剥线钳、压线钳、电工胶带等。

8. 实训步骤
（1）预习和播放视频
课前应预习，初学者提前预习，反复观看实训指导视频，熟悉主要关键技能。
（2）警号和声光报警器的安装调试步骤和方法
第一步：准备和检查器材。重点检查接线和螺丝是否齐全完整，设备是否有损伤等，如图6-15所示。
第二步：准备连接线。

图6-15　警号与声光报警器

（1）用剪刀裁剪电源火线2根，要求：红色RV0.5电线，每根2 m。
（2）用剪刀裁剪电源零线2根，要求：蓝色RV0.5电线，每根2 m。
第三步：用剥线钳将线缆的两端，分别剥出适当长度的线芯。注意剥除线缆时，选择合适的豁口，切忌划伤线芯。

第四步：利用压线钳将每根电源线的一端压接在冷压端子上。

第五步：设备接线。

（1）接入电源线，将红色电线对接红色线，将蓝色电线对接黑色线。

（2）给芯线缠绕电工胶布。方法为先向右缠绕多圈，然后再向左缠绕多圈，要求两端覆盖绝缘护套至少10 mm。

第六步：安装警号与声光报警器。将警号安装到机架上，如图6-16所示。

图6-16　安装警号与声光报警

第七步：接入报警系统。

将警号和声光报警器接入"实训操作接线端子"，实现与报警主机连接，具体接线位置按照设计文件规定进行，本实训要求如下：

将设备的电源线分别接在BELL、C端口，如图6-17所示。

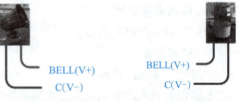

图6-17　警号与声光报警器接线图

第八步：设备调试。

（1）确认设备安装接线的可靠、正确，设备通电。

（2）触发实训装置上任意探测器，使其产生报警信号，观察警号与声光报警器是否发出报警响应。

9. 实训报告

按照单元1表1-2所示的实训报告要求和模板，独立完成实训报告，2课时。

实训10　入侵报警系统工程安装综合训练

1. 实训任务来源

入侵报警系统是一个包括前端、传输、处理/控制/管理及显示记录设备四个组成部分的综合性系统，掌握入侵报警系统在实际工程中的综合安装和调试，是系统调试和运维人员必备的岗位技能。

2. 实训任务

学生将实训装置上的探测器等设备拆下，安装在教室或者工程实训装置上，进行入侵报警系统真实工程项目的布线和安装等实际工程操作，然后将探测器等设备布线连接，并进行调试，使得入侵报警系统工作正常。通过本实训内容，掌握入侵报警系统从前端到报警控制中心的系统性安装综合工程技术。

3. 关键技能

（1）合理规划和分配探测器等设备的安装位置。

（2）正确敷设线缆，包括信号传输线缆、供电线缆等，尽量避免线缆交叉。

4. 实训课时

（1）该实训共计4课时完成，其中技术讲解20 min，设计90 min，学员操作60 min，实训总结10 min。

（2）课后作业2课时，独立完成实训报告，提交合格实训报告。

5. 实训设备和工具

（1）西元智能报警系统实训装置，型号KYZNH-02-2。

（2）西元智能化系统工具箱，型号KYGJX-16。

6. 实训步骤

将图6-18所示的西元智能报警实训装置自带的探测器、警号等设备安装到实训室墙角、窗户或者楼道、门口等位置，图6-19所示为安装位置示意图。请根据本校情况，由学生设计，老师确认后进行综合实训。

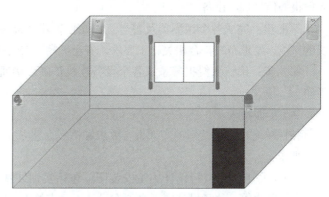

图6-18　西元智能报警系统实训装置　　图6-19　入侵报警综合实训安装位置示意图

下面以图6-20西元全钢工程实训平台为例，说明安装方法和关键技术。适合全班学生多次重复安装实训，也适合学生按照自己的设计方案进行个性化安装实训。具体实训步骤如下：

（按照图6-20所示位置进行安装和布线）

第一步：将图6-20西元智能报警系统实训装置移到西元全钢工程实训平台中间的U字形位置，模拟入侵报警系统的报警中心。

第二步：拆下左侧双鉴探测器，安装到工程实训平台的右侧位置，作为前端监测点1。

第三步：拆下右侧双鉴探测器，安装到工程实训平台的左侧位置，作为前端监测点2。

第四步：拆下左侧红外光栅探测器，安装到工程实训平台的U形两侧立柱中下部位置，作为前端监测点3。

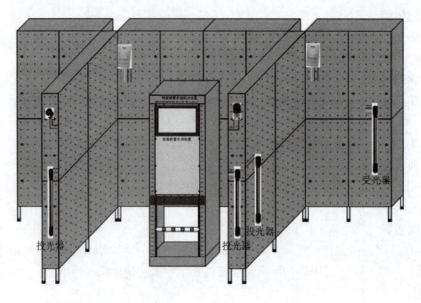

图6-20　西元全钢工程实训平台和报警设备安装位置

第五步：拆下右侧红外光栅探测器，安装到工程实训平台右侧的L形两侧墙面位置，作为前端监测点4。

第六步：拆下顶部警号、声光报警器，安装到工程实训平台右侧的U形两侧立柱上部，作为入侵报警信号响应设备。

第七步：完成各个探测器及警号、声光报警器到报警中心的线缆连接，包括信号线和电源线的布线，要求布线符合相关施工要求，安全可靠，布线路由合理等。

第八步：确认入侵报警系统各个设备连线正确，接通电源，完成设备调试，实现系统正常工作。

7. 实训报告

按照单元1表1-2所示的实训报告要求和模板，独立完成实训报告，2课时。

要求：

（1）每组学生自行设计施工安装图，包括实训装置的摆放位置，探测器等设备的安装位置，布线路由等。注意设计图纸必须有设计人、审核人、审定人签字和日期。

（2）按照设计图纸进行设备安装和布线，要求拍摄主要安装步骤和关键位置。

（3）进行系统调试。

（4）实训报告首先给出设计图和设计说明，然后要以图文并茂的方式叙述安装过程和操作经验，关键步骤用照片直观说明安装方法，调试部分用文字和照片说明。

（5）总结安装与调试实训体会，给出至少3条安装方法或者工作经验。

习题参考答案

单元1

一、填空题（10题，每题2分，合计20分）

1. 传感器、非法进入或试图非法进入；2. 前端设备、传输设备、显示记录设备；3. 探测器、紧急报警装置；4. 入侵或企图入侵；5. 脚踏开关、手动紧急报警按钮；6. 入侵信息；7. 报警控制主机、控制键盘；8. 监控中心、核心设备；9. 显示和提醒、报警信息；10. 综合性安全技术防范

二、选择题（10题，每题3分，合计30分）

1. B；2. A；3. C；4. C；5. A、C；6. A、C、D；7. A、D；8. A、C；9. A、C；10. A、B、C、D

三、简答题（5题，每题10分，合计50分）

1.
（1）开关探测器。
（2）玻璃破碎探测器和振动探测器。
（3）移动探测器。
（4）双技术探测器。
（5）数字视频探测器。

2.
入侵报警系统一般由前端设备、传输线路、处理/控制/管理设备及显示记录设备四个主要部分组成，比较复杂的入侵报警系统还包括验证设备。

前端设备主要包括探测器和紧急报警装置。

传输设备是将探测器所感应到的入侵信息传送给报警主机，有线传输主要采用多芯线电缆进行传输，无线传输包括无线发射器、无线接收器等无线传输设备。

处理/控制/管理设备主要包括报警控制主机、控制键盘等设备。

显示/记录设备一般包括警号和声光报警器等。

验证设备一般为视频监控和声音监听等验证设备。

3.
（1）必须能快速准确地传输探测信号。
（2）应根据警戒区域的分布、传输距离、环境条件、系统性能要求及信号的容量来选择。
（3）应优先选用有线传输，特别是专用线传输。当布线有困难时，可用无线传输方式。

4.

（1）当入侵者企图拆除报警器或者破坏线路，使线路发生开路或短路时，控制主机能及时报警，具有防撬和防破坏功能。

（2）在开机或交接班时，控制主机能够对系统进行检测，具有自检功能。

（3）具备主电与备电切换系统，当交流电停电后，控制主机仍能在备用电源的供电情况下继续工作。

（4）具有打印记录功能和报警信号外送功能。

（5）控制主机工作稳定可靠，减少出现误报和漏报现象。

5.

（1）探测功能。

（2）响应功能。

（3）指示功能。

（4）控制功能。

（5）记录查询功能。

（6）传输功能。

单元2

一、填空题（10题，每题2分，合计20分）

1. 主动式、被动式；2. 点控制式、面控制式；3. 有线、无线；4. 室内、室外；5. 磁开关探测器、紧急报警开关；6. 红外线的辐射和接收；7. 微波能量的辐射；8. 微波、被动红外；9. 玻璃破碎功能；10. 周界防范、脉冲电压发生器、报警信号检测器

二、选择题（10题，每题3分，合计30分）

1. A、B、C、D；2. A、C；3. A、B、C、D；4. A、C；5. A、D；6. A、C；7. A、C；8. A、B、C、D；9. B、C；10. A、C

三、简答题（5题，每题10分，合计50分）

1.

（1）开关盒应安装在被防范物体的固定部分，安装应稳固。

（2）普通磁开关不适用于金属门窗。

（3）报警控制的布线图应尽量保密，连线接点接触可靠。

（4）要经常注意检查永久磁铁的磁性是否减弱，否则会导致开关失灵。

（5）安装时要注意安装间隙。

2.

（1）红外光路中不能有阻挡物。

（2）注意探测器安装方位，严禁阳光直射入接收机透镜内。

（3）周界需由两组以上发射机组成时，宜选用不同的脉冲调制红外发射频率，以防止交叉干扰。

（4）正确选用探测器的环境适应性能，室内型探测器严禁用于室外。

（5）室外型探测器的最远警戒距离，应按其最大射束距离的1/6计算。

（6）室外应用要注意隐蔽安装。

（7）主动红外探测器不宜应用于气候恶劣，特别是经常有浓雾、毛毛雨的地域，以及环境脏乱或动物经常出没的场所。

3.

（1）探测器对横向切割（即垂直于）探测区方向的人体运动最敏感，故布置时应尽量利用这个特性达到最佳效果。

（2）布置时要注意探测器的探测范围和水平视角，防止出现盲区。

（3）探测器不要对准加热器、空调出风口管道。

（4）选择安装墙面或墙角时，安装高度为2～4 m。

4.

（1）探测器对警戒区内活动目标的探测是有一定范围的。

（2）微波对非金属物质的穿透性具有两面性。

5.

（1）保护对象的防护级别。

（2）保护范围的大小。

（3）防护对象的特点和性质。

单元3

一、填空题（10题，每题2分，合计20分）

1. 语言、语法；2. 入侵报警、视频安防监控；3. "CCC"标志、合格证；4. 接收端、顺光；5. 不应低于、一致；6. 入侵行为、触发紧急报警装置；7. 整体、局部；8. 独立、一一；9. 有线传输为主、无线传输为辅；10. 8

二、选择题（10题，每题3分，合计30分）

1. A；2. B；3. A、B；4. A、C；5. A、B、C、D；6. A、C；7. C；8. A；9. C；10. C、B

三、简答题（5题，每题10分，合计50分）

1.

（1）各类探测器的安装点（位置和高度）应符合所选产品的特性、警戒范围要求和环境影响等。

（2）入侵探测器的安装，应确保对防护区域的有效覆盖，当多个探测器的探测范围有交叉覆盖时应避免相互干扰。

（3）周界入侵探测器的安装，应能保证防区交叉，避免盲区。

（4）需要隐蔽安装的紧急按钮，应便于操作。

2.

（1）根据防护要求和设防特点选择不同探测原理、不同技术性能的探测器。

（2）所选用的探测器应能避免各种可能的干扰，达到减少误报，杜绝漏报。

（3）探测器的灵敏度、作用距离、覆盖面积应能满足使用要求。

3.

（1）每个/对探测器应设为一个独立防区，探测器与防区一一对应，方便报警区域的识别和管理。

（2）周界的每个独立防区长度不宜大于200 m。

（3）需设置紧急报警装置的部位宜不少于2个独立防区，每个独立防区的紧急报警装置数量不应大于4个，保证报警的及时性。

（4）防护对象应在入侵探测器的有效探测范围内，入侵探测器覆盖范围内应无盲区，覆盖范围边缘与防护对象间的距离宜大于5 m。

4.

（1）应根据系统规模、系统功能、信号传输方式及安全管理要求等选择报警控制设备的类型。

（2）宜具有可编程和联网功能。

（3）进入公共网络的报警控制设备应满足相应网络的入网接口要求，即报警控制设备的接口应与该区域入网接口相一致。

（4）应具有与其他系统联动或集成的输入、输出接口。

5.

（1）现场报警控制设备和传输设备应采用防拆、防破坏措施，并应设置在安全可靠的场所。报警控制器一般都设置安装在监控中心。

（2）不需要人员操作的现场报警控制设备和传输设备宜采取电子/实体防护措施。

（3）壁挂式报警控制设备在墙上的安装位置，其底边距地面的高度不应小于1.5 m，如靠门安装时，宜安装在门轴的另一侧；如靠近门轴安装时，靠近其门轴的侧面距离不应小于0.5 m。

（4）台式报警控制设备的操作、显示面板和管理计算机的显示器屏幕应避开阳光直射。

单元4

一、填空题（10题，每题2分，合计20分）

1. 现场勘查、初步设计、正式设计；2. 安全防范工程设计标准；3. 入侵报警系统工程设计规范；4. 名称、规格、数量；5. 前期规划阶段；6. 系统图、平面图；7. 施工工艺、管线敷设；8. 安装位置、安装方式；9. 报警主机、控制键盘；10. 材料表

二、选择题（10题，每题3分，合计30分）

1. A、C；2. A、B、C、D；3. A、B、C、D；4. B、D；5. A、D；6. A、D；7. A；8. B；9. C；10. A、C

三、简答题（5题，每题10分，合计50分）

1.

（1）设计系统规模等综合防护措施。

（2）设计设备安装位置与选型。

（3）设计系统配置和软件功能。

（4）设计和规范系统的通用性。

2.

（1）设计任务书的编制。

（2）现场勘察。

（3）初步设计。

（4）方案论证。

（5）正式设计。包括施工图设计和相关技术文件的编制。

3.

（1）进行现场勘察时，对相关勘察内容所做的勘察记录。

（2）根据现场勘察记录和设计任务书的要求，对系统的初步设计方案提出的建议。

（3）现场勘察报告经参与勘察的各方授权人签字后作为正式存档。

4.

初步设计文件包括：设计说明，设计图纸，主要设备器材清单，工程概算书。文件的编制要求如下：

（1）设计说明应包括工程项目概述、设防策略、系统配置及其他必要的说明。

（2）设计文件包括系统点数统计表、防区编号表等。

（3）设计图纸应包括系统图、平面图、入侵报警（监控）中心布局图及必要说明。

5.

（1）报警主机、警号等设备的安装位置。

（2）各种探测器等前端设备的安装位置、设备类型和数量。

（3）线缆走向设计、主干线缆路由和说明标注。

（4）对安装部位有特殊要求的，宜提供详细的安装图等工艺图纸。

单元5

一、填空题（10题，每题2分，合计20分）

1．可靠性、长期寿命；2．管路敷设、设备安装；3．核对和检查、图纸和工程需要；4．产品外观完整；5．通电检查、调试；6．同轴度、管口整齐、焊渣；7．顺畅、缆线；8．弯管器、曲率半径；9．横平竖直、斜放；10．防区编号表、字迹清晰

二、选择题（10题，每题3分，合计30分）

1．A、B、C；2．A、C；3．B、C；4．B、C、D；5．C；6．A、B；7．B、D；8．D；9．C；10．A、D

三、简答题（5题，每题10分，合计50分）

1.

（1）按照安装材料表对材料进行清点、分类。

（2）各种部件、设备的规格、型号和数量应符合设计要求。

（3）产品外观应完整、无损伤和任何变形。

（4）有源设备均应通电检查各项功能。

2.

（1）埋管最大直径原则。

（2）穿线数量原则。

（3）保证管口光滑和安装护套原则。

（4）保证曲率半径原则。

（5）横平竖直原则。

（6）平行布管原则。

（7）线管连续原则。

（8）拉力均匀原则。

（9）预留长度合适原则。

（10）规避强电原则。

（11）穿牵引钢丝原则。

（12）管口保护原则。

3.

第一步：准备冷弯管，确定弯曲位置和半径，做出弯曲位置标记。

第二步：插入弯管器到需要弯曲的位置。如果弯曲较长时，给弯管器绑一根绳子，放到要弯曲的位置。

第三步：弯管。两手抓紧放入弯管器的位置，用力弯曲。

第四步：取出弯管器，安装弯头。

4.

第一步：研读图纸、确定出入口位置。

第二步：穿带线。

第三步：量取线缆。

第四步：线缆标记。

第五步：绑扎线缆与引线。

第六步：穿线。

第七步：测试。

第八步：现场保护。

5.

第一步：确定路由。

第二步：量取线缆。

第三步：线缆标记。

第四步：敷设并固定线缆。

第五步：线路测试。

单元6

一、填空题（10题，每题2分，合计20分）

1. 施工方、专业技术人员；2. 自动转换、自动充电；3. 稳压特性、电压纹波系数；4. 损坏性、漂移性；5. 复测、应加倍、不合格；6. 设计、建设；7. 一线到位、扭绞；8. 步行测试、防拆保护；9. 保证质量、签署；10. 验收范围、验收工作

二、选择题（10题，每题3分，合计30分）

1. A、B、C；2. B、D；3. B；4. C；5. A、D；6. B；7. A、C；8. A、D；9. C；10. B、D

三、简答题（5题，每题10分，合计50分）

1.

（1）编制调试大纲，包括调试项目和主要内容、开始和结束时间、参加人员与分工等。

（2）编制竣工图，作为竣工资料长期保存，包括系统图、施工图等。

（3）编制竣工技术文件，作为竣工资料长期保存，包括点数表、防区编号表等。

（4）整理和编写隐蔽工程验收单和照片等。

2.

（1）报警设备故障或质量问题引起的误报警。

（2）报警系统设计或安装不当引起的误报警。

（3）环境噪声等引起的误报警。

（4）施工不当引起的误报警。

（5）用户操作不当引起的误报警。

3.

（1）验收的条件。

（2）系统工程的安装质量。

（3）系统工程的技术质量。

（4）工程资料审查。

（5）工程移交。

4.

（1）系统的工程验收应由工程的设计、施工、建设单位和相关管理部门的代表组成验收小组，按验收方案进行验收。验收时应做好记录，签署验收证书，并应立卷、归档。

（2）工程项目验收合格后，方可交付使用。当验收不合格时，应由责任单位整改后，再行验收，直到合格。

（3）涉密工程项目的验收，相关单位、人员应严格遵守国家的保密法规和相关规定，严防泄密、扩散。

5.

（1）建设单位或使用单位应有专人负责操作、维护，并建立完善的、系统的操作、管理、保养等制度。

（2）建设单位应会同和督促设计、施工单位，抓紧"整改措施"的具体落实。

（3）工程设计、施工单位应履行维修等售后技术服务承诺。

参 考 文 献

[1] 王公儒. 入侵报警系统工程实用技术[M]. 北京：中国铁道出版社，2018.
[2] 王公儒，樊果. 智能管理系统工程实用技术[M]. 北京：中国铁道出版社，2012.
[3] 王公儒. 计算机应用电工技术[M]. 大连：东软电子出版社，2014.
[4] 中华人民共和国住房和城乡建设部. 智能建筑设计标准：GB 50314—2015[S]. 北京：中国计划出版社，2015.
[5] 中华人民共和国住房和城乡建设部. 智能建筑工程施工规范：GB 50606—2010[S]. 北京：中国计划出版社，2010.
[6] 中华人民共和国住房和城乡建设部. 智能建筑工程质量验收规范：GB 50339—2013[S]. 北京：中国建筑工业出版社，2013.
[7] 中华人民共和国建设部. 入侵报警系统工程设计规范：GB 50394—2007[S]. 北京：中国计划出版社，2007.
[8] 中华人民共和国住房和城乡建设部. 安全防范工程技术标准：GB 50348—2018[S]. 北京：中国计划出版社，2018.
[9] 中华人民共和国公安部. 安全防范系统通用图形符号：GA/T 74—2017[S]. 北京：中国标准出版社，2017.
[10] 西安开元电子实业有限公司. "西元"智能报警系统实训装置产品说明书，2016.
[11] 西安开元电子实业有限公司. "西元"智能管理系统器材展柜（安防报警类）产品说明书，2016.
[12] 西安开元电子实业有限公司. "西元"智能化系统工具箱产品说明书，2016.